AF453211

# L'HISTOIRE NATURELLE

## DES

# EAUX STRASBOURGEOISES

## DE

## LÉONARD BALDNER

### (1666)

PAR

## FERD. REIBER

Membre de la Société d'histoire naturelle de Colmar

## COLMAR

IMPRIMERIE ET LITHOGRAPHIE DE VEUVE CAMILLE DECKER

—

**1887**

Extrait du *Bulletin* de la Société d'histoire naturelle de Colmar,
années 1886—1888.

# L'HISTOIRE NATURELLE

DES

## EAUX STRASBOURGEOISES

DE

### LÉONARD BALDNER

( 1666 )

L'histoire naturelle de Baldner, souvent signalée, est restée jusqu'ici à l'état peu abordable de manuscrit. Ayant eu l'occasion de l'étudier, nous nous y sommes intéressé, et nous avons cru devoir la faire enfin mieux connaître.

La publication du texte allemand complet, ainsi que la reproduction fidèle des figures, bien que désirables au point de vue de la curiosité, ne nous paraissent nullement nécessaires pour la science. Il nous semble que l'identification des espèces, et un extrait des observations réellement intéressantes au point de vue moderne, suffisent pour le moment. Inutile, par exemple, d'encombrer ce travail par la longue description d'animaux bien connus : un simple renvoi à un ouvrage classique suffira pour le contrôle de nos propres déterminations.

Nous divisons cette étude en quatre parties :

1º Notes sur Léonard Baldner ;

2º Plan de son ouvrage ;

3º Bibliographie du manuscrit ;

4º Histoire naturelle, comprenant la désignation des espèces de l'auteur en trois langues, l'indication des ouvrages où on les trouve figurées, et le texte ou l'extrait du texte de Baldner qui les concerne, c'est-à-dire la partie capitale et proprement dite de l'ouvrage.

Notre tâche, souvent ardue, ne nous en a pas moins procuré, pendant quelques années, un agréable sujet de distraction et d'études. Comme l'auteur nous passions des occupations professionnelles à l'histoire naturelle et nous y trouvions une source de jouissances intimes. A cette satisfaction se joint aujourd'hui celle d'avoir mené à bonne fin l'œuvre entreprise, et de pouvoir restituer à nos concitoyens un des trésors scientifiques dont ils se croyaient privés par le bombardement de 1870.

I.

# LÉONARD BALDNER.

Tout ce que nous savons du vieil auteur, en-dehors de ce qu'il nous dit lui-même dans son ouvrage, se résume en quelques notes extraites des registres de l'état civil. Nous les devons à l'obligeance inépuisable de M. Muller, chef de division à la mairie de Strasbourg. Les voici :

*Leonhard Baldner* fut baptisé à l'église Saint-Guillaume le 11 janvier 1612, c'est-à-dire, selon l'usage strasbourgeois, quelques jours après sa naissance. Son père s'appelait Charles et était pêcheur; sa mère n'est désignée que sous le nom d'Ursule.

L'acte de décès est ainsi libellé dans les registres de l'église Saint-Guillaume : Le 4 février 1694, fut enterré à Saint-Urbain Leonhard Baldner, ancien assesseur du grand Conseil, âgé de 82 ans et 13 jours.

Leonhard Baldner, pêcheur, fils de Charles, membre du Conseil des XV, se maria au Temple-Neuf, le 25 janvier 1636, avec Salomé, fille de Jean-Michel Fries, cordier de la ville.

De ce mariage sont issus, d'après les registres de l'église Saint-Guillaume :

1. *Ursule*, baptisée le 26 février 1637.
2. *Salomé*, d° le 26 novembre 1640.
3. *Marie*, d° le 28 février 1643.
4. *Léonard*, baptisé le 5 novembre 1645.

Chez ce dernier, le père est intitulé *Wasserzoller* (préposé au péage aquatique).

Léonard Baldner (*Wasserzoller und Gastgeber in der Ruprechtsau*), se remarie, le 15 juillet 1650, à l'église Saint-Pierre-le-Jeune, avec Ursule, fille d'Abraham Spengel, orfèvre.

De ce mariage naquirent, d'après les registres de Saint-Guillaume :

5. *Charles*, baptisé le 23 septembre 1651.

6. *Abraham*, » le 19 janvier 1654.

(Ici le père est intitulé *Haagmeister*, forestier).

7. *Anne-Ursule*, baptisée le 12 mars 1656.

8. *Jean*, baptisé le 8 octobre 1658.

Léonard Baldner se remarie en troisièmes noces, le 13 avril 1665, avec Barbe, fille de Benoît Gross, ancien professeur d'hébreu et prédicateur libre. Il eut de ce mariage, toujours d'après les registres de Saint-Guillaume :

9. *Benoît*, baptisé le 17 septembre 1667.

10. *Barbe*, baptisée le 7 octobre 1668.

11. *Catherine*, » le 25 novembre 1670.

(Cette fois le père est intitulé *Haagmeister und Holzwart*, conservateur des eaux et forêts).

12. *André*, baptisé le 6 février 1673.

De ce qui précède il résulte que Baldner devait être une espèce de patriarche, entouré d'une nombreuse famille. Toujours pêcheur, nous le voyons préposé au péage du Rhin à la Robertsau vers 1645. En 1650, il cumule ces fonctions avec celles d'aubergiste au péage même. L'année 1654 le trouve conservateur des forêts (*Haagmeister*), titre qu'il gardera en y ajoutant celui de préposé aux bois (*Holzwart*). C'était donc un homme de métier, en même temps fonctionnaire de la ville libre, et un personnage important. Le titre d'assesseur au grand Conseil, mentionné dans son acte de décès, le prouve suffisamment d'ailleurs.

Nous nous figurons volontiers notre auteur comme un de ces rudes citoyens de l'ancienne république strasbourgeoise, robuste et laborieux ; homme de métier, fonctionnaire et soldat tout à la fois. Il avait l'écorce rugueuse du pêcheur alsacien, et les senti-

ments religieux qu'il exprime avec tant de libéralité dans sa
préface ne nous en imposent qu'à demi. Il devait à l'occasion
se servir non moins libéralement des énergiques expressions
profanes en usage dans sa caste. Nous avons encore connu deux
pêcheurs strasbourgeois du nom de Baldner, de ses descendants
sans doute ; c'étaient également des chasseurs et des types inté-
ressants. Depuis plus de trois siècles les Baldner sont pêcheurs
et bateliers à Strasbourg, l'auteur racontant que son grand'père
déjà vivait de la pêche.

C'est probablement grâce à ses fonctions de conservateur des
eaux et forêts que Baldner dût de pouvoir manier aussi souvent
le fusil de chasse que les filets. Il chassait et pêchait à une
époque où le régime des eaux était tout autre à Strasbourg. Les
environs de la ville devaient être alors un vrai Paradis pour
le gibier d'eau. Le Rhin n'était pas encore endigué, et ses
marécages s'étendaient jusqu'aux portes de la ville. Le graveur
Jacob von der Heyden nous a conservé le dessin des vastes ma-
rais qui s'étendaient, du temps de Baldner, depuis Strasbourg
jusqu'au Rhin. Là où aujourd'hui s'allonge une belle route traversant des prés et des champs, serpentaient des passerelles sur
pilotis et ce n'étaient que bas-fonds et roseaux. Aujourd'hui,
tous les cours d'eau sont régularisés et la plupart des poissons
et des oiseaux d'eau ont été refoulés vers d'autres régions moins
inhospitalières.

Baldner est le père des naturalistes-alsaciens ; de son temps
la zoologie était dans l'enfance et il l'a créée dans nos régions.
Nous n'hésitons pas à affirmer que s'il avait fait imprimer
son livre au lieu de n'en permettre que des copies, son nom
serait aujourd'hui universellement connu et très honorablement
apprécié.

Notre auteur a en effet le mérite rare de ne pas croire aux
fables dont l'histoire naturelle était encombrée alors. Il n'admet
que les observations personnelles et ne cite que ce qu'il a vu.
Presque toujours il voit juste ; parfois il a une sagacité étonnante.
C'est ainsi que deux siècles avant A. Müller, il proclamait que
l'*Ammocœtus branchialis* n'est que la forme première du poisson

*Petromyzon Planeri.* Les spécialistes les plus éminents ne s'en doutèrent pas avant 1856, et parmi ces spécialistes on peut citer le grand Cuvier et Valenciennes ! Baldner est avant tout exact. La précision de ses dates témoigne, elle aussi, d'un esprit scientifique dont ferait bien de s'inspirer plus d'un auteur moderne.

Pour tout bagage scientifique étranger Baldner possédait le *Thierbuch* de Gessner, qui fut pendant trop longtemps l'oracle des naturalistes. Son exemplaire se trouve aujourd'hui à la bibliothèque de l'Université de Strasbourg. C'est un volume en très mauvais état, à figures enluminées, portant sur le titre une inscription d'après laquelle feu Léonard Baldner, grand amateur de peinture (*der löblichen Kunst der Mahlerey sonderbaren Liebhaber*) avait fait restaurer le volume en 1662.

Nous avons constaté avec plaisir que Baldner ne cite que très peu Gessner et qu'il ne partage pas ses fables. Il néglige aussi fort heureusement les noms de l'auteur suisse pour ne donner que ceux usuels à Strasbourg. C'est ainsi, par exemple, que sur cinquante oiseaux, dix tout au plus portent chez lui le même nom que dans Gessner. Ces noms sont à peu près perdus aujourd'hui à Strasbourg, la chose est curieuse à constater. Nous aurons l'occasion, au cours de cette étude, de nous arrêter plus longuement çà et là aux particularités de l'ouvrage de notre auteur. Celui-ci, très perspicace pour les oiseaux et les poissons, paraît s'être moins occupé des insectes qui forment la partie faible du travail. L'espèce de Baldner est parfois le genre chez les espèces très voisines : c'est ce qu'il appelle d'ailleurs lui-même le genre (*Gattung*). Il a grand soin de dire, par exemple : Il y en a deux sortes de ce genre, les grands et les petits ; ou bien : Il n'y en a que d'une sorte.

Résumons-nous en proclamant que texte et figures de Baldner forment un ensemble extrêmement remarquable et intéressant, non seulement pour leur temps, mais pour le nôtre aussi.

L'âge paraît s'être appesanti sur Baldner à l'époque où il céda le manuscrit à son fils André. Ses observations, commencées en 1623, se terminent en effet en 1687, date de la cession. Baldner avait 75 ans quand il décida que le travail auquel il avait consacré ses loisirs serait un jour la propriété de son dernier-né, jeune garçon de quatorze ans, et favori du vieillard sans aucun doute.

Ainsi qu'on le verra plus loin, nous connaissons cinq manuscrits de l'ouvrage avec figures, contemporains de l'auteur. De ces cinq, quatre sont calligraphiés avec grand soin et accompagnés de figures représentant une somme de travail énorme. Baldner faisait-il copier son œuvre pour la vendre ? Nous opinons pour cette hypothèse, car Ray, dans la préface du grand ouvrage sur les oiseaux de Willughby (1676) dit que l'exemplaire dont il s'est servi avait été acheté de Baldner lui-même. Quoiqu'il en soit, ce manuscrit, ou plutôt l'histoire naturelle de Baldner, était réputé et bien connu du temps de l'auteur. Son souvenir ne se perdit jamais à Strasbourg. On cite toujours le travail de Baldner avec les principaux trésors détruits en 1870 par l'incendie de la bibliothèque publique. Espérons que cette étude ravivera le souvenir de notre vénérable naturaliste et qu'en le faisant mieux connaître, elle contribuera à mettre désormais son œuvre à l'abri d'une nouvelle destruction.

## II.

### PLAN DE L'OUVRAGE.

Le manuscrit se divise en trois parties précédées d'une préface :
1° les oiseaux ; 2° les poissons et les écrevisses ; 3° les quadrupèdes, batraciens, mollusques, annélides et insectes.

Voici le titre de l'ouvrage :

*Recht naturliche Beschreibung und Abmahlung der Wasservögel,
Fischen, Vierfussigen Thieren, Insekten und Gewürmb so bei
Strassburg in den Wassern seynt, die Ich selbst geschossen,
und die Fisch gefangen auch alles in meiner Handt gehabt.
Leonhard Baldner, Fischer und Hagmeister in Strassburg.
Gefertigt worden im Jahr Christi 1666.*

En dehors de l'exemplaire de Londres, qui est de 1653, tous
les autres sont datés de 1666. Il en était de même de celui brûlé
à Strasbourg, bien que l'auteur y ait fait des additions jusqu'en
1687. Le texte est le même partout, mais les figures peuvent
varier.

La préface débute par un véritable sermon. Baldner recherche
dans la Bible les passages relatifs aux poissons, aux grenouilles,
aux oiseaux et aux pêcheurs. Il appelle à son aide le témoignage
ou l'exemple de Moïse, Jonas, saint Luc, saint Mathieu et
Jésus-Christ. Après cet exorde dans le goût puritain du temps
arrive seulement le sujet réel. L'auteur nous montre Strasbourg
admirablement placée pour ses études, au contact de quatre
cours d'eau poissonneux et giboyeux, le Rhin, l'Ill, la Bruche
et la Kinzig. Il nous fait part de sa passion pour la chasse et la

pêche, et se défend d'avoir voulu écrire un livre. C'est, dit-il, en 1646 que l'idée lui vint d'entreprendre son travail. Ayant tué des oiseaux rares il les fit peindre, et c'est ainsi que l'envie le prit d'en posséder d'autres et de commencer malgré lui un recueil. Ses observations faites de 1646 à 1666 lui permirent de constater dans notre région 45 poissons, 62 oiseaux et 52 autres animaux aquatiques.

Baldner s'excuse de n'être pas un érudit au beau langage, mais se flatte d'écrire en bon chasseur et pêcheur (*gut weidmœnnisch, schlecht teutsch*). Il se défend également des plagiats. Après quelques nouvelles allusions religieuses notre écrivain dédie son œuvre à tous les amis de la chasse et de la pêche, et termine la préface en s'écriant :

> *Lust und Lieb zu einem Ding*
> *Macht alle Müh und Arbeit gering.*

L'auteur, ainsi que nous le verrons plus explicitement, faisait peindre ses figures et calligraphier son texte. Il ne fournissait à l'artiste et au scribe que les matériaux dont ils avaient à faire usage. On ne connaît aucun travail de sa propre main.

Le style de Baldner est simple et sans art ; il écrit naïvement et les redites lui sont familières. On s'aperçoit de suite qu'il n'a pas étudié en vue de composer un jour un ouvrage. Il s'efforce de rendre en haut allemand ce qu'il pense en idiome strasbourgeois. Chez lui la ponctuation est presque nulle ; ses phrases sont émaillées de mots disparus ou à tournure archaïque, tels que *groh* ou *groj*(gris), *bloh* (bleu), *ran* (maigre), *lehnes Wasser* (eau tranquille, *bnis*), *haufecht* (en masse), *gemach* (apprivoisé), *keheb* (étanche), etc., et d'expressions intéressantes que nous signalerons d'ailleurs en lieu et place. On y rencontre encore le mot perdu *Grünen* (banc de vase) qui a donné son nom au *Grünenberg*, près de Strasbourg, bien improprement traduit par Montagne-Verte.

Les poids et mesures signalés correspondent approximativement aux suivants :

La livre strasbourgeoise (*Pfundt*) = 0.471 $^{\text{Kgr.}}$ (Elle se divise en 16 onces et 32 Loths).

La demi-once (*Loth*) . . . = 0.014.

Le pied de Strasbourg (*Schuh*) = 0.289 $^{\text{M.}}$ (Il se subdivise en 12 pouces ou Zoll).

Le pouce (*Zoll*) . . . . . = 0.024.

L'aune strasbourgeoise (*Elle*). = 0.538.

Quant aux monnaies strasbourgeoises elles valaient, à l'époque de Baldner, environ : Fr. 0.03 le *Pfennig* (♓.) ; fr. 7.75 la livre (*Pfundt*) ; fr. 3.85 le florin (*Gulden*) ; fr. 0.25 le *Batz*, et fr. 0.06 le *Kreuzer*. Le *Thaler* valait un et demi-florin.

III.

## BIBLIOGRAPHIE DU MANUSCRIT.

Onze exemplaires du manuscrit de Baldner sont venus à notre connaissance.

**1° L'exemplaire personnel de l'auteur, détruit avec la Bibliothèque publique de Strasbourg, dans la nuit du 24 août 1870.** — Ce volume in-folio, oblong, était, à ce qu'il paraît, le plus beau et le plus complet de tous. Nous ne le connaissons que par une copie sans figures (N° 2). Grande était sa réputation, mais le peu que l'on en sait aujourd'hui se résume en une note de l'antiquaire Jean-André Silbermann, adressée au savant Bernouilli à Berlin, le 24 février 1778, et insérée au *Journal zur Kunstgeschichte*, de MURR (8<sup>e</sup> partie, p. 12. Nuremberg, 1780).

Silbermann rapporte que, pour obtenir ce manuscrit précieux, il avait dû négocier, pendant quatorze ans, avec les Hirschel, descendants de Leonhard Baldner. Un Hirschel avait en effet stipulé par une inscription placée à la fin de l'ouvrage que celui-ci ne sortirait pas de sa famille. Baldner lui-même avait inscrit au-dessus : « Ce livre ayant été copié par mon fils André, à l'âge de douze ans, je décide qu'il lui appartiendra en propre. Ce 2 janvier 1687. Leonhard Baldner, père ».

L'inscription de Hirschel était ainsi libellée : « Ce volume m'ayant été offert par la sœur de feu André Baldner, je l'offre, à mon tour, à mon fils, Jacques Hirschel, sous la condition qu'il le léguera à son fils aîné, s'il est pêcheur, et ainsi de suite. Ce 13 mai 1725. Léonard Hirschel ». La sœur d'André Baldner était femme d'un autre Jean-Jacques Hirschel, qui, en 1694, signa l'acte de décès de Léonard Baldner, père. En même temps que l'original on offrait à Silbermann la copie exécutée par le fils de l'auteur à l'âge de douze ans. Un savant, dit Silbermann, n'en acheta pas moins cette copie pour l'ouvrage original.

L'auteur attachait un tel prix à son recueil qu'il en faisait tourner les feuillets au moyen du petit couteau en ivoire qu'il y avait joint. Les peintures étaient d'un artiste non mentionné, mais qui, comme celui du n° 4, devait être Jean-Georges Walther.

Ce manuscrit avait sur les autres l'avantage d'être continué jusqu'en 1687, malgré sa date de 1666. C'était donc le plus important de tous. Il renfermait l'image de 45 poissons, 62 oiseaux et 52 autres bêtes aquatiques.

Silbermann, décédé en 1783, légua patriotiquement ses collections à la ville de Strasbourg, et c'est ainsi que son Baldner passa à la Bibliothèque de la ville. On en connaît la triste fin.

**2° La copie in-4°, sans figures, de l'Université de Strasbourg**. — C'est un manuscrit exécuté par J. F. Hermann, fils, d'après le précédent, en vue d'une publication de l'ouvrage.

**3° La copie in-folio, sans figures, de l'Université de Strasbourg**. — Elle aussi provient de l'ancienne Bibliothèque de la Faculté des sciences française, et du fonds des Hermann. D'après ce savant elle aurait été faite par un pasteur de l'église Saint-Guillaume, et il l'aurait trouvée en 1787 dans le reliquat des livres du D<sup>r</sup> Spielmann, décédé en 1783. Spielmann y ajouta des déterminations, la plupart erronées, auxquelles Herrmann fit quelques rectifications. La troisième partie, plus récente, est d'une autre main que le reste.

**4° Le manuscrit, avec figures, du British Museum, à Londres, de 1653**. — C'est un volume en maroquin noir, à dentelles et fermoirs, in-4° oblong, coté N° 6485 dans les catalogues de l'établissement. Il renferme, en sus des feuilles de garde, 159 feuillets avec texte et figures, numérotés au crayon. Comme frontispice, il y a une page enluminée portant le titre sur une draperie pendante ; à gauche se tient un chasseur en costume vert, tenant par le cou un canard sauvage ; à droite un pêcheur, en costume noir Louis XIII. Ce dernier personnage tient d'une main une filoche, et de l'autre un gros poisson par les ouïes. Sous le titre se détache en or la date de 1653. Au bas une vue de Strasbourg prise hors la porte des Pêcheurs. Composition et exécution ne sont pas fort remarquables, mais elles sont signées J. G. W. ce qui leur donne du prix. Ces initiales trahissent en effet le peintre strasbourgeois Jean-Georges Walther, et confirment les suppositions que nous avions émises à l'égard de l'artiste employé par Baldner. (*Aperçu des progrès de l'Entomologie en Alsace*, Colmar, 1885, p. 6). Nous savions que les Walther, père et fils (le père s'appelait Jean tout court) étaient de grands amateurs d'oiseaux, dont un recueil d'oiseaux intitulé *Ornithologia* existe à l'*Albertina* de Vienne. Qu'il nous soit à ce propos permis de donner incidemment le peu de détails que nous ayons sur ce dernier ouvrage, qui est signé Jean Walther. C'est une série de 101 feuilles isolées, remontées, réunies en carton, de 460 sur 440 centim. Au *verso* de chaque feuille se trouve un texte latin bien calligraphié. Il est plus que probable que ces feuillets renferment des données relatives aux pièces signalées par Baldner. Nous n'avons pu vérifier le fait, car nous ignorions que l'Ornithologie fût à l'*Albertina* lors de notre visite à ce splendide dépôt.

Pour en revenir au manuscrit de Baldner, à Londres, ajoutons que les folios 2, 3, 4 sont consacrés à la préface. Celle-ci est magnifiquement calligraphiée comme le texte lui-même, et également relevée d'or. Cette préface est datée du 31 décembre 1653. C'est donc le seul manuscrit antérieur à 1666, date de tous les autres. Préface et texte sont pourtant à peu près les mêmes, mais l'ouvrage n'est pas aussi complet que les autres. Il renferme 40 poissons, 56 oiseaux et 52 mammifères, insectes, etc., après une expérience de trente ans, dit la préface, conséquemment commencée à dix ans !

Les oiseaux sont généralement réunis à deux sur une page. Ils ont parfois, comme certains poissons et quadrupèdes, l'air d'être exécutés d'après des types empaillés. En général, les

peintures sont d'un fini méticuleux et d'une miniature conscien-
cieuse, mais elles pèchent assez fréquemment, sinon par le co-
loris, qui est toujours brillant, du moins par le dessin. C'est
bien là le travail que trouve admirable quiconque n'est pas naturaliste. Le finolage s'y exerce trop souvent au détriment du
naturel et de l'exactitude de la forme. Si comme nous n'en doutons le manuscrit de l'auteur et celui de Cassel sont du même
artiste leurs peintures offrent les mêmes défauts et qualités.
Elles sont remarquablement traitées, mais trop souvent raides.
Les diverses copies illuminées de Baldner constituent certainement
un des derniers produits de l'art du manuscrit si florissant jadis.

Les noms des espèces sont artistement compliqués et enche-
vêtrés d'or. On y a ajouté (Willughby?) des noms latins et anglais. Le feuillet 158 a également une table des matières anglaise,
et les espèces ont été numérotées. Les planches sont réunies.
Après elles viennent les descriptions intitulées : 1° *Beschreibung
der Wasservögel dieses Buches ;* 2° d° *der Fische ;* 3° d° *der Insekten.*

Nous examinâmes ce recueil au British Museum en juillet 1886.

D'après la préface de l'*Ornithologie de Willughby,* publiée
par Ray en 1676, cet exemplaire fut acheté à Baldner lui-même.
Ajoutons que l'auteur anglais ne se servit pas toujours intelli-
gemment de son Baldner, et qu'il se servit des poissons mieux
que des oiseaux.

5° **La traduction anglaise du titre, de la préface, des oiseaux et des poissons**. — Ces derniers
sont d'une autre main (folio 12 à 26). D'après la préface de
l'*Historia piscium* de Willughby (1686) cette traduction serait
de Frédéric Slare. Elle fait également partie du British Museum,
où elle porte le N° 6486, et nous l'avons eue entre les mains à
Londres.

6° **Le manuscrit avec figures, de Cassel.** — Cet
exemplaire de la *Staendische Landesbibliothek* de Cassel paraît
être la copie fidèle du manuscrit brûlé de Strasbourg, moins les
additions postérieures de l'auteur. Notre intention était d'aller
étudier ce recueil, comme nous étions allé étudier l'an passé

celui de Londres, mais le manque de temps nous a engagé à profiter des offres de publication de la Société d'histoire naturelle de Colmar, et à ne pas reculer plus longtemps l'impression de notre travail. Nous avons d'ailleurs eu entre les mains la copie de ce manuscrit et constaté qu'il ne renferme que quelques figures douteuses qui puissent encore nous intéresser après l'étude faite des documents de Strasbourg et de Londres.

Le Codex de Cassel a été décrit par M. Seelig, conseiller de justice, à Cassel, dans un tirage à part de la *Bayerische Fischerei-Zeitung*, N° 15, de 1885 (1er juillet, p. 180). Nous renvoyons à cette publication pour la description minutieuse, et nous nous bornons à constater que le manuscrit se compose de 63 figures d'oiseaux, de 49 figures de poissons et de 17 feuilles d'autres animaux avec des feuillets de texte correspondants. C'est un volume en cuir noir avec quatre clous sur chaque plat, doré sur tranche, in-folio transversal, de 288 feuillets numérotés au crayon, dont 129 avec figures, 122 avec descriptions, 13 avec titres et sous-titres et 24 blancs. Les feuillets ont 34 centim. de long et 25 de haut. Après quelques feuilles de garde vient un faux-titre : *Vogel- Fisch- & Thierbuch, 1666*. Le feuillet suivant donne le titre complet, ainsi qu'une jolie vue de Strasbourg et des figures de poissons, oiseaux, écrevisses et insectes. Suivent quatre pages de préface, etc. L'écriture est bonne, et les peintures doivent être excellentes et d'une conservation parfaite. Deux feuillets volants se rapportant au Wasserraab (15 novembre 1669) et à un goéland (9 janvier 1670) pris à Strasbourg, indiquent que le volume a dû se trouver encore à Strasbourg entre les mains de l'auteur à cette dernière date.

Cet exemplaire est à Cassel depuis 1686. Il provient de la Bibliothèque électorale palatine de Heidelberg, dont hérita en partie le landgrave Charles de Hesse à la mort de la princesse palatine Charlotte, née de Hesse-Cassel, survenue le 16 mars 1686.

Le professeur de Siebold eut la satisfaction de recevoir en communication à Munich le recueil de Cassel et de pouvoir l'étudier à son aise. Pareille aubaine ne nous échut malheureusement pas. Malgré nos démarches et celles de M. le Dr Barack, l'obligeant bibliothécaire en chef de la Bibliothèque de l'Université de Strasbourg, le Dr Duncker, bibliothécaire de Cassel refusa de se dessaisir de son dépôt. Aujourd'hui, que grâce à la prévenance réellement scientifique de M. Seelig, nous connaissons l'ouvrage par sa copie, et que nous connaissons *de visu* celui de Londres, nos regrets de ce refus sont quelque peu atténués, il est vrai. Mais nous déplorerons toujours une décision si peu conforme au but des bibliothèques publiques, et cela d'autant plus qu'il y avait précédent et que le volume avait déjà été envoyé à Munich. Cela nous a rappelé l'anecdote suivante, rapportée par le Dr de Siebold lui-même : Bloch, l'ichthyologue célèbre de Berlin, s'était adressé au grand Frédéric à l'effet d'obtenir de lui et de ses conseillers aide et assistance pour l'étude des poissons de la province de Brandebourg. Le monarque lui répondit : « J'apprends avec plaisir que vous vous occupez des poissons. Par contre, l'appui que vous désirez recevoir de mes conseillers est une chose absurde. Voici, d'après moi, les poissons du Brandebourg : Carpes, sandres, perches et anguilles. Avez-vous, par hasard, l'intention de compter leurs arêtes ? »

7° **La copie du manuscrit de Cassel**, que M. F. W. Seelig, conseiller de justice et secrétaire de la Société de pisciculture casseloise, fit exécuter pour cette dernière Société.

C'est un manuscrit d'une fort belle écriture, in-folio oblong, en feuilles, entièrement sur le plan de l'original.

Avec une obligeance dont nous lui savons infiniment gré, M. Seelig nous fit communiquer généreusement par son fils, professeur à Strasbourg, cette intéressante copie. Grâce à elle, nous connaissons aujourd'hui tous les textes de Baldner, et il ne nous reste plus que très peu à élucider dans les dessins du manuscrit de Cassel. Espérons qu'une note supplémentaire nous permettra un jour de combler cette lacune regrettable du présent travail. Que MM. Seelig, père et fils, et la Société casseloise de pisciculture, reçoivent ici nos vifs remercîments pour les preuves effectives de l'intérêt qu'ils ont porté à nos études.

Nous adressons également l'expression de notre reconnaissance à M. le Dr Barack, qui, lui aussi, nous seconda toujours avec une grande bienveillance.

**9° Notre propre copie, prise sur celles de la Bibliothèque de l'Université de Strasbourg.** — Elle est, sauf des variantes insignifiantes de copiste, entièrement conforme à la précédente, mais plus complète.

C'est un volume in-folio de 165 feuillets, relié en parchemin, à nos fers spéciaux, calligraphié sur beau papier et d'un seul côté seulement, par M. Georges Meyer, notre employé, en 1885. Nous y avons joint une table des matières.

**10° Le manuscrit, avec figures, de la Bibliothèque municipale de Strasbourg.** — Nous ne croyons pas nous tromper en avançant que c'est là la copie exécutée par le fils de Baldner à l'âge de douze ans, que l'on avait offerte à Silbermann. De même aussi l'exemplaire que, dans ses notes, Hermann attribue par erreur à Baldner père. Cette copie nous offre, en effet, des figures mal dessinées et peintes avec des couleurs rugueuses qui parfois ont l'air d'être de la brique pilée, pour nous servir d'une expression usitée par les auteurs qui la signalent. En mai 1880, ce recueil fut cédé généreusement à la ville de Strasbourg par M. le professeur Stromwald. C'est un volume in-folio oblong, de 20 sur 30 centimètres, composé de 114 feuillets isolés, assemblés sous un cartonnage rosacé tout moderne, montés sur onglets et numérotés au crayon. Cet exemplaire paraît incomplet. Les insectes manquent. Généralement la figure se trouve au *recto* et le texte au *verso* du feuillet. Cinq méchantes petites figures d'oiseaux sont collées et ajoutées au texte. Le tout fait bien l'effet d'une mauvaise copie naïve exécutée par un enfant. Certaines figures sont énormes, plus grandes que nature (*Actitis hypoleucos*, etc.) et ne concordent pas avec celles de Londres. C'était d'abord un assemblage de feuillets disparates, aujourd'hui réunis en volume, et qui ne paraissent pas au complet. Le titre n'est en somme que celui du chapitre des oiseaux. Il est d'une conception primitive et se trouve dans une sorte d'anneau rose, autour duquel s'enlacent trois poissons et trois oiseaux de fantaisie. Au bas paraissent une filoche et un fusil entrecroisés. Le tout, fort élémentaire d'ailleurs, est d'une meilleure main que le reste. Voici ce titre :

*Wahrhaffte Beschreibung und nach dem Leben Contrafaitung aller der jenigen Vögel, so sich allhier zu Strassburg, Inn und bey der Statt, in den 4 schiffreichen Wassern, nehren und auff-halten. Mit sonderbarem Fleisz und Unkosten zusammen ge-bracht, durch mich Leonhardt Baldner, Dieser Statt wolbestellten Hagmeister, Geschen in dem Jahr Christi 1666.*

Au folio 62, le recueil des oiseaux se termine par la liste de 50 oiseaux tués par Léonard Baldner, de 1646 à 1680. Cette liste est signée : Léonard Baldner der Elter. Le tout paraît avoir été une sorte de brouillon ou de double de Baldner, père, lui-même.

Les mammifères vont du folio 63 à 68, les batraciens, de 68 (*verso*) à 71 ; les coquilles se trouvent sur le folio 72 ; les pois-sons vont du folio 73 à 111 ; les crustacés de 112 à 114. La préface, comme le frontispice, sont d'une autre main, et bien plus corrects.

Malgré le mauvais état de ses figures, cet exemplaire nous a rendu les plus grands services. Une étude patiente nous a per-mis de reconnaître les espèces les plus mal figurées. Nous prions M. Rod. Reuss, l'excellent bibliothécaire de la ville de Stras-bourg, d'agréer nos bien sincères remercîments pour avoir laissé libéralement à notre disposition ce recueil aussi longtemps que nous en avons eu besoin.

Nous ignorons d'où M. Stromwald tenait son Baldner, mais nous supposons qu'il est celui qui à la vente de M. Emmanuel Braunwald, pasteur-président du Consistoire de Saint-Thomas, à Strasbourg, fut adjugé (*Heu mihi !*) à quatre-vingt-cinq centimes ! Comme nous n'osions croire à une pareille enchère, signalée par M. Oscar Berger-Levrault, imprimeur à Nancy, celui-ci voulut bien nous communiquer le Catalogue à prix marqués de la vente du 1er mai 1865. Nous y relevâmes en effet le prix de 0f85 en regard du numéro 66 : *Leonh. Baldner. Beschreibung der Wasservögel, Fische, etc. Original Mspt. Autogr. Baldner's.*

L'exemplaire de M. Braunwald est ainsi signalé dans la *Geschichte der Kirche St. Wilhelm zu Strassburg* (1856) p. 52 : « Ce manuscrit remplit un volume in-folio. Le fils de l'auteur en fit hommage à Jean-André Keiffin, son pasteur (à St-Guillaume, de 1683 à 1709. F. R.). Il passa ensuite à l'avocat J. H. Faust, et se trouve actuellement chez le pasteur Braunwald ». Bien que cette description ne concorde pas tout à fait avec le présent numéro, nous ne voulons pas y voir un autre manuscrit, aujourd'hui perdu.

La préface du Recueil de la Bibliothèque municipale signale 45 poissons, 62 oiseaux et 52 autres bêtes aquatiques. Dans ce qui est venu jusqu'à nous il y a 45 poissons, 61 oiseaux et 12 autres animaux.

Si L. Baldner, père, était amateur de peinture, ses fils ou descendants le furent également. Nous trouvons dans l'album de la Tribu des peintres de Strasbourg, conservé à l'Université, deux gouaches, dont la première fut exécutée, en 1710, par Jean-Charles Baldner, à l'âge de seize ans, et la seconde par Jean Baldner en 1723.

**11° L'exemplaire in-folio oblong, avec figures, provenant de la Bibliothèque de Hermann. —** Cet exemplaire est aujourd'hui perdu. C'est lui que de Siebold consulta au Musée d'histoire naturelle de Strasbourg, placé dans le même immeuble que l'ancienne Bibliothèque de Hermann. De Siebold ne connaissait pas l'original de Baldner, qui se trouvait à la Bibliothèque municipale et non dans celle de la Faculté des sciences. La preuve en est bien simple : D'après de Siebold, ce Codex contenait 32 poissons, 63 oiseaux et 17 feuillets d'autres animaux. L'original était bien plus complet (45 poissons d'après Silbermann, etc.). Les événements de 1870 auront aussi perdu ou égaré cet album dont nous avons vainement recherché les traces. D'après de Siebold, il avait appartenu précédemment au professeur Spielmann, et était moins beau que le manuscrit de Cassel. Hermann dit dans une note manuscrite de son exemplaire de la *Bibliothèque physique de la France* par *Hérissant*, p. 335, que Spielmann le tenait des parents de Baldner, et que lui-même le possédait à présent. D'après cette même note les figures étaient moins bonnes que celles du volume de Silbermann.

Si le recueil ainsi annoncé au Catalogue de vente des curiosités du collectionneur strasbourgeois Kunast (1673) : *Ein Buch von gemahlten Vögeln und Fischen*, est encore une des reproductions perdues de Baldner, nous aurions aujourd'hui la douzaine au complet. Qui sait si ce recueil n'est pas celui qui passa à Cassel ?

Les auteurs ont tous commis de grandes confusions en parlant du manuscrit de Baldner sans l'avoir vu et étudié. Nau, dans son *Oekonomische Naturgeschichte der Fische in der Gegend um Maynz* (1787), le cite pompeusement dans sa préface. Friese en donne quelques extraits dans son *Oekonomische Naturgeschichte der Rheindepartemente* (1807). Avant eux, Hermann et Willughby seuls s'en sont pratiquement servis. Le Dr W. List lui consacra un article dans la *Strassburger Post*, du 12 mai 1884, et enfin M. Seelig une étude plus détaillée dans la *Bayerische Fischerei-Zeitung*, du 1er juillet 1885. Les autres auteurs ne parlent de Baldner qu'en passant et pour lui décerner quelques éloges d'emprunt. Nau, le professeur Mönch de Marbourg, Hermann et la Société casseloise de Pisciculture s'étaient proposés de publier l'ouvrage sans arriver à la réalisation de cette entreprise.

Nous allons passer à l'histoire naturelle de Baldner, en énumérant les espèces dans l'ordre où l'auteur les place lui-même.

## IV.

# HISTOIRE NATURELLE.

### PREMIÈRE PARTIE.

## LE LIVRE DES OISEAUX.

Afin de ne pas allonger sans nécessité ce travail, nous avons supprimé dans les notices relatives aux oiseaux tout ce qui nous a paru sans utilité immédiate. C'est ainsi que nous nous sommes borné à identifier l'espèce en renvoyant simplement à la figure du grand ouvrage classique de Naumann (1), et sans donner la description du type. Nous avons également négligé les détails relatifs aux viscères. Baldner se complaît fort dans ces derniers. Il mesure toujours les entrailles de ses oiseaux et a grand soin de rapporter le résultat de ses observations internes. Il donne généralement aussi le poids du sujet, sa longueur de la tête à la queue et son envergure, particularités que nous passons également sous silence. Ajoutons que l'auteur a aussi mangé tous les volatiles qu'il représente et qu'il apprécie consciencieusement leur chair. De son temps, d'ailleurs, on paraît avoir mis au pot tous les oiseaux. Aujourd'hui personne ne touche plus aux hirondelles de mer et à diverses autres espèces alors considérées comme gibier sur le marché strasbourgeois (2).

(1) J. A. Naumann's *Naturgeschichte der Vogel Deutschlands*. Leipzig, 1820 à 1860, 13 vol. in-8°, renfermant 391 planches coloriées.

(2) Il existe une ordonnance concernant les hirondelles de mer, etc., de 1399, qui était lue du haut de l'escalier de l'hôtel-de-ville à Strasbourg.

Nous ajoutons à cette première partie l'énumération des oiseaux d'eau signalés en Alsace qui ne paraissent pas dans Baldner. Puis, vient la liste complète des oiseaux de notre auteur avec leurs noms et prix à quelques époques antérieures. Enfin, nous terminons par une série de noms d'oiseaux alsaciens, allemands et latins provenant d'un document du XII<sup>e</sup> siècle.

Mentionnons encore, à titre de curiosité, que jamais Baldner ne décrit les œufs. Il n'en parle même pas, alors que les naturalistes modernes attachent une si grande importance à cette partie de l'ornithologie.

Nous avons toujours comparé les descriptions et figures du manuscrit de Strasbourg aux planches de Naumann, en même temps qu'aux oiseaux empaillés du Musée d'histoire naturelle de Strasbourg.

Voici la clef de nos abbréviations bibliographiques : N. = l'ouvrage de Naumann ; St. = le manuscrit à figures de Strasbourg ; B. M. = celui du British Museum ; C. = celui de Cassel. Exemple :

N. 292. 1. = Naumann, pl. 292, fig. 1.

St. 65. = manuscrit de Strasbourg, folio 65.

B. M. 7. 4. = manuscrit du British Museum, folio 7, fig. 4.

C. 10. 4. = manuscrit de Cassel, folio 10, fig. 4.

### 1. Ein Fischadler oder Fischarr.

*Falco haliætus* L. Le Balbuzard. *Flussadler.* — N. 16. — St. 4. (sans poisson). — B. M. 16. 22. (tenant un poisson dans ses serres). — C. 4. 1. — Baldner le fait représenter avec des serres de perroquet, c'est-à-dire ayant deux doigts en avant et deux en arrière.

Cet oiseau vole au-dessus des eaux. Dès qu'il aperçoit un poisson, il bat des ailes sans bouger de place et se laisse brusquement tomber sur sa proie. Il peut enlever des poissons pesant jusqu'à deux livres. On ne le rencontre pas chez nous en hiver. Il niche en juin sur les arbres élevés, dans le voisinage des eaux, et a trois ou quatre petits. Ses pieds sont bleus. Il peut rester assez longtemps sans nourriture. Je n'ai trouvé dans son estomac que des arêtes. Il est bon à manger.

Afin de donner une idée du style et de la méthode de Baldner, en même temps que de la manière dont nous avons procédé nous-mêmes, nous transcrivons ici la première des notices relatives aux oiseaux.

### Ein Fischadler, Fischarr.

« Dieser Vogel ist ein Geschlecht der Adler, grösser als der Weyh ; er fliegt staets über den Wassern und wann er einen Fisch siehet im Wasser, so zwiszert er mit den Flügeln in der Höhe an einer stett, und fällt unversehens in das Wasser, und ergreift den Fisch mit den rauchen Füssen und krummen Klauen, welche die Natur ihm mitgetheilt und zum Fischfangen gut seind, dann er einen Fisch heben und fassen kann, der biss in zwey Pfundt wigt : Winterszeit wird keiner bey uns gesehen. Im 3. Buch Mosis am 11. Cap. verbiet Moses den Fischarr zu essen, aber im neuen Testament wirds uns erlaubt ; die Fischadler machen ihre Jungen im Monat Junio, uf den hohen Bäumen bey den Wassern, 2 oder 3 Junge zumahl. Der Fischadler hat weisgrohe Federn uf dem Kopf, oben am Halss, Rücken, undt Flügeln : am Bauch weisse Masen, einen schwartz krummen Schnabel, mit einem gelben Strich wo der Schnabel aufgeht ; die Füess hell bloh, und krumme schwartze Klauen. Sein Schwehre ist 4 Pfundt ; die Laenge vom Kopf bis an den Schweif 2 Schuh lang, der Schweif 9 Zoll, die Breyte der Flügel 6 Schuh lang, sein Eingeweydt ist ein gross Hertz und eine schöne Leber, das Gedärm 6 Ellen lang, ist aber nicht halb so dick als eine Schreibfeder ; hat einen kleinen Magen, worinn ich anders nicht gefunden alss Fischgränen. Dieser Vogel hat die Natur dass er die Speiss langsam verdaue, und kan auch ziemlich lang ohne Speiss seyn, dass gibt sein Gedärm zu erkennen, welches ich sonst an keinem Vogel habe gesehen undt also wahrgenommen ; hatt ein ziemlich breite Zung, sonsten ist dieser Vogel auch gut zu essen ».

Baldner ne signale pas le milan noir (*Falco ater* L..) qui pourtant vole au-dessus des eaux, près de Strasbourg, et se nourrit également de poissons.

## 2. Ein Schwan.

*Cygnus Xanthorinus* N. (*musicus* de Krœner). Le Cygne sauvage. *Gelbnasiger Schwan.* — N. pl. 296. — St. 52. — B. M. fol. 5, N° 1. — C. 6. 2.

Divers cygnes furent tués chez nous. En 1655, l'auteur en tira un dans la banlieue d'Altenheim. Il était tout blanc, avec des plumes jaunâtres sur la tête. Son bec jaune près des yeux était noir à l'extrémité.

## 3. Ein Schneeganss, oder wilde Ganss.

*Anser segetum* Bechst. L'Oie sauvage. *Saat-Gans.* — N. pl. 287. — St. 51. — B. M. fol. 6. 3. — C. 8. 3.

Les oies sauvages arrivent par milliers chez nous en hiver. On n'en voit pas en été. De jour, elles se nourrissent d'herbes. Le soir, elles prennent leur vol vers le Rhin, et passent la nuit sur les bancs de vase (*grünen*) ou de gravier du fleuve. Elles sont très difficiles à tirer et assez bonnes à manger, mais après avoir été marinées dans du vinaigre de un a trois jours. Ces oies deviennent très âgées, attendu qu'on n'en prend que peu. Les pattes des vieilles sont de couleur orange. L'auteur en tira qui, plumes comprises, pesaient neuf livres.

(Il est certain que l'oie sauvage (nous ignorons l'espèce) a déjà niché à la canardière de Guémar, il y a une vingtaine d'années).

## 4. Ein Schottische Baumganss.

*Anser torquatus* Frisch. (*Bernicla* de Krœner). Le Cravant. *Ringelgans.* — N. 292. 1. — St. 35. — B. M. 7. 4. — C. 10. 4.

Cet oiseau est bien inconnu chez nous. Le 27 février 1649, l'auteur en eut deux vivants ; le 23 février 1651, un autre. Il put en nourrir, au moyen de grains et de fruits, jusqu'au 19 décembre 1651. Jamais il n'en vit s'accoupler. Les trois n'offraient pas de différences de plumage.

### 5. **Ein Scharf**.

*Halieus cormoranus*, L. Le grand Cormoran. *Cormoran-Scharbe*. — N. 279. 1. — Cet oiseau manque au manuscrit de Strasbourg. — B. M. 7. 5. — C. 22. 10.

Le cormoran est inconnu chez nous. Il y en a très peu. Cet oiseau, fort vorace, plonge tout le temps à la recherche de sa nourriture, et a besoin d'une livre de poisson par jour. Il peut soulever et avaler un poisson d'une demi-livre. Son nid est placé sur les arbres élevés, comme celui des harles, auxquels le cormoran ressemble d'ailleurs par la chair. L'oiseau figuré fut tué par l'auteur le 4 novembre 1649.

### 6. **Ein Storck**.

*Ciconia alba*, Briss. La Cigogne blanche ou ordinaire. *Weisser Storch*. — N. pl. 228. — St. 30. — B. M. 21. (à peine légèrement esquissée au crayon). — C. 12. 5.

La cigogne cherche sa nourriture dans les eaux et sur les prés. Elle vit généralement de grenouilles, et ne s'attaque aux crapauds et aux serpents que par manque de grenouilles. L'oiseau avale ces dernières, et peut en dégorger jusqu'à douze pour la nourriture de ses petits. Mais elle aime aussi fort le poisson. Les cigognes arrivent à la Saint-Valentin et nous quittent à la Saint-Jacques. Elles nichent sur les cheminées et ont jusqu'à six petits. Leur nid, formé de brindilles et de branches, est d'un tel volume qu'un homme a de la peine à le porter. Parfois elles jettent hors du nid un des petits, comme pour donner la dîme.

### 7. **Ein Storck sonderlicher Art**.

*Ciconia nigra*, Belon. La Cigogne noire. *Schwarzer Storch*. — N. 229. 1. — (L'auteur place cet oiseau à la suite de la cigogne blanche, sous la même rubrique). — Il ne donne pas l'image de l'oiseau, mais décrit fort bien un vieux mâle conforme à la figure de Naumann.

Le 2 mai 1667, on tira ce bel oiseau. Il avait dans l'estomac une tanche et une lotte, ainsi que des insectes. Sa viande fut belle et très agréable.

## 8. Ein Reyer.

*Ardea cinerea*, Lath. Le Héron cendré. *Fischreiher*. — N.
220. 1. — St. 16. — B. M. 17. 24. — C. 14. 6.

Le héron est le véritable ennemi des poissons. Placé dans
l'eau, il attend les petits poissons dont il fait sa nourriture. Il
mange aussi des grenouilles et de gros insectes. Sa vue est per-
çante, c'est pourquoi il est très difficile à tirer. Les hérons
nichent en mai sur les grands chênes. Il y en a qui pèsent jusqu'à quatre livres. Moïse interdit la chair du héron au chapitre 11
de son 3e livre, mais dans le Nouveau-Testament elle est per-
mise.

Il y a plusieurs sortes (*Gattung*) de hérons. Les uns sont
blancs, les autres noirs.

## 9. Ein Weisser Reyger.

*Ardea garzetta*, L. Le Héron garzette. *Seidenreiher*. — N.
223. — B. M. 17. 23.

Le manuscrit du B. M. offre l'image du héron garzette, aux
pattes jaunes et au reste blanc. C'est là évidemment un des hérons blancs dont il est fait mention ci-dessus. Le mot noir de
Baldner doit être ici simplement pris (à propos de hérons comme
d'autres oiseaux) pour l'équivalent de foncé.

## 10. Ein Rohrdummel.

*Ardea stellaris*, L. Le grand Butor. *Grosse Rohrdommel*. —
N. 226. 1. — St. 18. — B. M. 18. 25. — C. 16. 7.

La chair de cet oiseau était interdite aux juifs. Au 121e
Psaume paraît le butor, solitaire dans le désert, et recherchant
les lieux marécageux. Le Nouveau-Testament permet sa chair.
Le butor n'est pourtant pas bon à manger. Ce qu'il y a de meilleur en lui, ce sont ses ongles, et spécialement celui de derrière,
qui peut servir de cure-dents. J'ai trouvé dans son estomac une
taupe entière et une perche, ainsi que des grenouilles. Le mâle
est un peu plus grand que la femelle et a un gros panache de
plumes jaunes et noires sur la tête. La femelle est roussâtre et
a un bec plus long, pointu comme une aiguille ; ses pattes sont

aussi plus longues et plus minces. Le chant *(Geschrey)* de ces oiseaux s'entend à une demi-lieue. Il a lieu, autant que je sache, à travers les narines, le bec étant fermé et relevé. La femelle le fait entendre plus que le mâle. L'oiseau reste chez nous toute l'année, et a deux ou trois petits.

(Voyez le N° 52).

### 11. Ein Nachtraab.

*Ardea nycticorax*, L. Le Bihoreau. *Næchtliche Rohrdommel.* — N. 225. 1. — St. 14. (au recto et au verso, 2 exemplaires, dont un collé et ajouté). — B. M. 18. 26. — C. 18. 8.

Le 24 avril 1649, je reçus le bihoreau d'un pêcheur de Gotzenhausen, qui l'avait trouvé mort sur un banc de sable du Rhin. Ce cadeau me fit d'autant plus de plaisir que pour tuer un bihoreau j'avais fait en vain quatre milles en voiture. Cependant je pus voir l'oiseau se promener dans l'eau claire, au bord d'une forêt près de Geissenheim, ce qui déjà n'est pas ordinaire, car il ne se montre pas souvent de jour. Je l'attendis à l'affût pendant onze heures consécutives, mais je ne le revis plus.

Une heure après l'*Angelus*, les bihoreaux prennent leur vol et quittent les bas-fonds où ils vivent, mais toujours isolément. Ils poussent un cri *(Schrey)* plus bas que le croassement du corbeau. A l'approche des grands froids ils ont l'habitude de s'élever dans les airs, si bien que dans une seule nuit, au clair de lune, j'en pus compter jusqu'à douze, toujours isolés. Ils restent chez nous toute l'année, et nichent au pays.

Le 4 mai 1652, je reçus un bihoreau plein de vermine, et dont la chair fut atroce. Il avait été tiré près de Lichtenau.

Le 17 avril 1674, le forestier du Blugubsandt tua deux bihoreaux qui étaient assis l'un à côté de l'autre. Ils me passèrent tous deux par les mains.

(La dernière capture connue du bihoreau en Alsace, est du 26 avril 1886. Elle eut lieu à la Robertsau, aux portes de Strasbourg).

Baldner ne constate pas la présence accidentelle du Flamant rouge (*Phœnicopterus antiquorum*, T. — N. 233. 3. jeune), plusieurs fois signalé en Alsace. — En 1611, un troupeau de ces oiseaux parut dans les environs de Strasbourg. On en tua sept. Lorsque les premiers tombèrent, les autres vinrent à leur secours, et les forestiers n'ayant pas le temps de recharger durent les assommer à coups de crosse. — En juin 1814, 27 flamants se montrèrent sur le Rhin, d'abord à Kehl, puis à Gambsheim. On en tua six, dont cinq femelles et un mâle. — Enfin, en octobre 1881, deux flamants furent abattus à Wasselonne. Comme ceux de 1814 c'étaient des jeunes de deux ans.

### 12. Ein Regenvogel.

*Numenius arcuata*, Lath. Le grand Courlis. *Grosser Brach-vogel.* — N. 216. — B. M. 36. 56. sans nom. — C. 20. 9. — Ne paraît pas dans le manuscrit de Strasbourg.

On n'en voit pas beaucoup chez nous, et ils ne nichent pas au pays. Je considère cet oiseau comme une espèce de bécasse, mais il est deux fois plus gros que la bécasse ordinaire. A part cette différence il peut très bien se comparer à la bécasse, tant sous le rapport de la couleur que sous celui des pattes, du bec et de la nourriture. Par contre, il ne lui ressemble aucunément comme cri. On l'appelle oiseau de pluie parce que quand il siffle très fort, absolument comme un homme sifflerait à un autre, il pleut bientôt après.

C'est le 18 octobre 1666 que fut tué l'oiseau que Baldner fit peindre dans son manuscrit. Il pesait une livre et demie, et fut délicieux de chair.

Au siècle dernier, Hermann, dans ses *Observationes zoologicæ*, prétend que le *Numenius phæopus*, Lath., ou petit courlis, est appelé *Regenvogel* par les chasseurs de Strasbourg, et s'étonne de ne pas le rencontrer dans Baldner. Il ajoute qu'on le fait lever chaque année dans les îles du Rhin, souvent par troupes de dix individus. Aujourd'hui les courlis sont devenus si rares qu'on ne les connaît même plus de nom dans nos régions.

### 13. Ein grosse Merch.

*Mergus merganser*, L. Le Harle. *Grosser Sæger.* — N. 326. 1. — St. 43. — B. M. 8. 7. — C. 24. 11.

Cet oiseau en plumes pèse quatre livres. Il est plus gros, mais moins bon que le canard sauvage. Sa nourriture consiste en poissons qu'il happe et retient au moyen de son bec dentelé en scie. Il peut avaler un poisson d'une demi-livre, et plonge constamment à la recherche de sa proie. Son nid se rencontre sur les arbres élevés près des eaux. Cette espèce n'est pas abondante.

### 14. Ein Antvogel.

*Anas boschas*, L. Le Canard sauvage. *Mœrz-Ente, Wild-Ent* des Strasbourgeois. — N. 300. 1. — B. M. 9. 9. — C. 26. 12.

Cet oiseau est le meilleur de tous les canards. Il mange peu de poisson, et se nourrit plutôt d'herbes et de racines, etc. Plus les eaux sont hautes et plus il devient gras et délicat. Vers Noël, sa chair est la meilleure, car il niche déjà en avril. Parfois l'oiseau fait son nid sur les arbres près des eaux. De tous les canards c'est celui qui s'accouple le plus fréquemment et qui a les parties génitales les plus développées. En tous temps, on trouve de petites pierres dans son estomac. Ses pattes sont-elles rouges, il est vieux ; sont-elles noirâtres, il est jeune. Son odorat est très subtil et sous le vent il vous sent de fort loin. En hiver, ce canard s'établit sur le Rhin. On y rencontre alors des sociétés de trois à quatre cents individus. Quand l'oiseau se baigne et plonge, on peut être certain qu'il y aura le lendemain de la pluie ou du vent.

### 15. Ein Wasserrab oder Schneckenfresser.

*Anas fusca*, L. La double Macreuse. *Sammet-Ente.* — N. 313. 1. — St. 61. C. 30. 14. — Pas dans le manuscrit de Londres.

Le 5 février 1665, cet oiseau fut tué près de Schiltigheim. On ne l'avait jamais vu auparavant. En plumes il pesait trois livres. Je ne trouvai dans son estomac que cinq coquillages allongés, dont deux ouverts et trois encore fermés. Il fut délicieux.

Le 9 janvier 1670, je reçus de nouveau un de ces oiseaux étrangers. Il avait été pris sur le Rhin, dans un filet à canards, et amenait à sa suite un bien rude hiver. Je le conservai vivant pendant un an sans entendre sa voix. Il ouvre constamment le bec et peut manger une livre de poisson par jour.

### 16. Ein fremde schöne Endt.

*Anas tadorna*, L. La Tadorne. *Brand-Ente.* — X. 298. — St. 40. — C. 32. 15. — Pas dans le manuscrit de Londres.

Cet oiseau fut pris au filet à canards, le 28 décembre 1664, à Rhinau. Je le conservai vivant pendant seize semaines. En colère, il sifflait à la manière des oies en abaissant le cou. Il fut trouvé léger de chair.

Le 4 mars 1674, on en reprit un second, à Rhinau également.

### 17. Ein frembde Endten.

*Anas mollissima*, L. L'Eider. *Eider-Ente.* — X. 322. 1. — St. 39 (presque méconnaissable). — B. M. 35. 55 (sans nom et sans description. Les descriptions finissent avec le N° 54). — C. 28. 13.

Ce singulier canard étranger fut pris au filet en 1658. Je le gardai vivant pendant six semaines. Il mangeait du pain, de la viande, du poisson, de l'orge, etc., et devint très familier.

Le 22 novembre 1666, j'en reçus encore un. Il ne fut pas bon de chair, car il était maigre.

### 18. Ein kleine Merchen.

*Mergus serrator*, L. Le Harle huppé. *Müller-Säger.* — N. 325. 2. — St. 34. — B. M. 8. 6. — C. 34. 16.

Cet oiseau pèse une livre trois quarts, et ne se nourrit que de poissons. Il plonge constamment à leur recherche. Sa chair ne vaut pas celle du canard sauvage, car elle a un goût de hareng saur.

### 19. Ein grosser Rothhals.

*Anas ferina*, L. Le Milouin. *Tafel-Ente.* — N. 308. 1. — St. 47. — B. M. 10. 11. — C. 36. 17.

Ce canard, un peu plus petit que le canard sauvage, est estimé à l'égal de ce dernier. Il mange peu de poisson, mais préfère les racines, herbes, etc.

### 20. Ein Rackhalss.

*Anas acuta*, L. Le Pilet. *Spiess-Ente.* -- N. 301. 1. — St. 46. -- B. M. 10. 10. — C. 38. 18.

Un peu plus petit que le canard sauvage, et de tous les canards celui qui a le plus long cou. Il mange peu de poisson, et préfère les racines, herbes, etc. Sa chair est bonne quand il est gras, mais généralement l'oiseau est maigre.

En 1652, le 17 mars, je tuai un pilet ayant dans l'estomac 76 petits coquillages de mer.

### 21. Ein grosser weisser Drittvogel.

*Anas clangula*, L. Le Garrot. *Schell-Ente.* — N. 316. 1. — St. 59. — B. M. 9. 8. — C. 40. 19.

Ce canard plonge constamment, mais ne mange que peu de poisson. Il se nourrit surtout de racines, de larves de friganes, d'insectes. Un peu plus petit que le canard sauvage, sa chair ne vaut pas celle de ce dernier, mais elle est néanmoins bonne quand l'oiseau est gras. Il nous vient en novembre et reste jusqu'en mars. On le rencontre par bandes nombreuses. Ces oiseaux sont-ils sur l'eau, occupés à plonger, il en reste toujours un certain nombre en sentinelle, et ces sentinelles ne plongent à leur tour que quand les autres sont remontés. L'espèce ne niche pas chez nous.

Le nom de *Drittvogel* (*tiercelin*) vient de l'habitude qu'ont les chasseurs et canardiers de donner trois des canards plus petits que le canard sauvage, contre deux canards sauvages.

### 22. Ein Breitschnabel oder Lœfelendt.

*Anas clypeata*, L. Le Souchet. *Lœffel-Ente.* -- N. 306. 1. — St. 36. -- B. M. 12. 14. -- C. 44. 21.

Le plus beau des canards, et délicieux de chair. Mais il y en a très peu. Il ne se nourrit que d'herbes, de racines et de mouches. Le bec du mâle est élargi en cuiller à l'avant.

### 23. Ein Muhrvogel oder Muhrendt.

*Anas fuligula,* L. Le petit Morillon. *Reiher-Ente.* — N. 310.
1. — St. 44. — B. M. 13. 17. — C. 48. 23.

Oiseau assez bon de chair, qui plonge constamment à la recherche de sa nourriture. Ne détruit que peu de poisson, et préfère les larves de friganes (*Zwerch*), les insectes, racines, crevettes d'eau douce, etc. Il nous arrive vers la Saint-Martin, et reste jusqu'en avril. A cette époque il est maigre. Il n'y en a pas beaucoup.

### 24. Ein Schmeigen oder Schmey.

*Anas Penelope,* L. Le Canard siffleur. *Pfeif-Ente.* — N. 305.
1. — St. 50. — B. M. 11. 13. — C. 50. 24.

Ce canard se nourrit comme le canard sauvage, et mange peu de poisson. Il y en a moins que de canards sauvages. Son estomac renferme toujours beaucoup de sable. Il est bon de chair.

### 25. Ein kleiner Rothhalss.

*Anas nyroca,* Guldenst. (*leucophthalmos* de Kræmer). Le Canard à iris blanc. *Moor-Ente.* — N. 309. 1. — St. 48. — B. M. 13. 16. — C. 42. 20.

Il se nourrit de racines et d'herbes, et mange peu de poisson. Sa chair est très réputée. Il ne pèse qu'une livre.

### 26. Eine grosse weisse Nunn.

*Mergus albellus,* L. Le Harle piette. *Kleiner Sæger.* — N. 324. 1. — St. 45. — B. M. 14. 19. — C. 46. 22.

Oiseau mangeur de poissons, qui plonge constamment à leur recherche. Il est assez bon de chair, et peu nombreux. On l'appelle *Nunn* (nonne) parce que seul de tous les canards il est presque blanc de plumage.

### 27. Ein Brog Vogel.

*Anas strepera,* L. Le Chipeau. *Mittel-Ente.* — N. 302. 2.
St. 37. — B. M. 11. 12. — C. 52. 25.

Canard bon de chair, mais généralement maigre. Il mange peu de poisson. Son estomac renferme beaucoup de sable. Il pèse une livre et demie.

(D'après Gessner on donnait, à Strasbourg au XVI° siècle, le nom de *Brachvogel* aux bécassines ou chevaliers. Dans les mercuriales officielles, le prix relativement élevé de l'oiseau indique cependant qu'il s'agit toujours de ce canard, quand il est question de *Brachvogel, Brohvogel, Brochvogel*).

### 28. Ein Kernel.

*Anas querquedula*, L. La Sarcelle d'été. *Knœck-Ente.* — N 303. 1. — St. 42. — B. M. 14. 18. — C. 54. 26.

Espèce un peu plus grande que la suivante et délicieuse de chair. Cet oiseau niche en mai. Il cherche sa nourriture dans les roseaux comme les autres canards et ne détruit que peu de poisson.

### 29. Ein Dressel.

*Anas crecca*, La Sarcelle d'hiver. *Krück-Ente.* — N. 304. 1. — St. 38. — B. M. 15. 21. — C. 56. 27.

Le plus petit des canards, et de chair fort délicate. Deux de ces oiseaux valent un canard sauvage. Il se nourrit à la manière de ce dernier et ne mange pas de poisson. On le rencontre chez nous toute l'année. Il niche en mai ou vers la fin de mai.

### 30. Ein turkischer Antvogel.

*Anas rutila*, Pall. Canard kasarka. *Rost-Ente.* — N. 299.— C. 128. 63. — Les manuscrits de Strasbourg et de Londres ne l'ont pas.

Je tirai ce canard le 10 septembre 1668 à Strasbourg, pendant qu'il nageait. Il pesait deux livres trois quarts. Son estomac était plein de sable. Il fut excellent de chair, et meilleur qu'un canard sauvage. Son bec noir était long de deux pouces; dos et ventre avaient une coloration rousse (*fuchsrot*) intense.

### 31. Eine grosse Seemœlhben.

*Sterna caspia*, Pallas. Hirondelle de mer Tschegrava. *Raub-*

*meerschwalbe.* — N. 248. 1. — St. 55. — B. M. 22. 32. — C. 58. 28.

Je tirai cet oiseau le 23 mai 1649. On n'en avait pas encore vu de semblable. Son cri ressemblait à celui du héron. Il volait au-dessus de l'eau et s'y laissait tomber brusquement pour prendre du poisson. Je le gardai vivant pendant trois semaines en le nourrissant de poissons. Il peut en manger une demi-livre par jour. Sa chair fut trouvée bien délicate. Il pesait une livre, plumes comprises. C'était une femelle.

Jusqu'ici Baldner est le seul qui ait signalé cet oiseau en Alsace. Voici la description qu'en fait le vieil auteur : Longueur du bec jusqu'à l'extrémité de la queue une aune ; largeur des ailes déployées trois aunes et demie ; bec de la grosseur d'un doigt, long et d'un rouge vermillon ; tête en-dessus d'un vert d'acier ; corps de couleur cendrée ; pattes hautes de quatre doigts et noires.

### 32. **Ein andere See Mæhben.**

*Larus tridactylus,* Lath. jeune. La Mouette tridactyle. *Dreizehen Mewe.* — N. 262. 3. — St. 54. 57. L'exemplaire à deux dessins ayant la même rubrique. Le premier est le N° 3, le second le N° 1 de la pl. 262 de Naumann. — C. 62. 30. — Je n'ai pas remarqué l'oiseau dans le manuscrit de Londres.

Le 29 décembre 1664, je tuai cet oiseau à Strasbourg, au barrage de la porte des Pêcheurs. Il avait le ventre blanc, le dos et les ailes cendrés et noirs, le bec noir arqué, à l'intérieur orange, et les pattes d'un vert noir. Il ne pesait avec plumes pas une livre. Cet oiseau nage à l'instar des canards et se nourrit de toutes sortes de choses comme les poules d'eau.

### 33. **Ein frembde See Meeb.**

Variété de l'espèce précédente. — N. 262. 2. — C. 60. 29. — Pas dans les copies de Strasbourg et de Londres.

Le 28 février 1666, je tuai cet oiseau au vol, au-dessus de l'eau. Il avait un bec jaune, vermillon à l'intérieur ; tête, cou et ventre étaient tout blancs ; les ailes et le dos cendrés ; les pattes noires ; autour des yeux, il avait un anneau rouge, etc.

### 34. **Ein frembde See Mæhben der Grogen.**

*Larus canus*, L. jeune. La Mouette aux pieds bleus. *Sturm-Mewe.* — N. 261. 3. 4. — St. 49. — B. M. 25. 37. *Ein grosse graue Seemeb.* Oiseau couleur *chocolat*, aux pattes d'un rose foncé. — C. 64. 31.

Le 16 novembre 1648, j'eus vivante une de ces grandes mouettes grises, et je l'élevai pendant quelque temps. C'est un oiseau piscivore, qui vole constamment au-dessus des eaux ou y nage. Comme les poules d'eau, il se nourrit de choses diverses. Sa couleur générale était grise ; il avait le bec et les pieds brunâtres.

En 1851, j'en tirai un vers la fin de juillet. Ils font leurs petits chez nous (?) en juillet, mais on n'en voit que très peu.

### 35. **Ein Winter Mæhb.**

*Larus ridibundus*, L. (en plumage d'hiver). La Mouette rieuse. *Lach-Mewe.* — N. 260. 2. 4. — St. 57. ; au verso, fig. ajoutée. — B. M. 24. 35. — C. 66. 32.

Cet oiseau nous arrive en octobre. Il n'y en a que très peu, et il vole isolément. Sa nourriture consiste en poissons, grenouilles, viande, pain. Il nage aussi, et a beaucoup de plumes, mais peu de chair. On peut l'élever en chambre comme une poule, mais il fiente beaucoup. Celui figuré était un des plus petits, à pieds et bec jaunes, ventre blanc, dos cendré. Il était moitié aussi gros qu'un pigeon.

### 36. **Ein Seemeb, ein andre Art.**

*Larus ridibundus*, L. (à capuchon). — N. 260. 1 et 3. — Pas de figure dans les manuscrits encore existants.

Le 9 avril 1667, on tua cette mouette, qui, plumes comprises, pesait une demi-livre et un loth. Sa tête était noire jusque sous les yeux ; ceux-ci avaient un anneau cramoisi ; le cou et le ventre étaient blancs ; le haut des ailes d'un cendré clair, avec les remiges blanches à extrémités noires, etc.

### 37. **Ein gar grosse Seemeb.**

*Larus marinus*, L. Le Goëland à manteau noir. *Mantel-Meve.* —
N. pl. 268. — N'existe pas dans les ouvrages à figures de
Baldner venus jusqu'à nous.

Cet oiseau fut tué dans Strasbourg le 9 mars 1680. Je n'avais
jamais vu un aussi gros goëland. Il pesait deux et demi livres et
6 loths. L'envergure de ses ailes était de 2 $^3/_4$ d'aunes. Le bec
d'un jaune soufre avait une gibbosité apicale et était d'un rouge
vermillon en-dessous ; les yeux avaient un anneau jaune-soufre
et étaient intérieurement cerclés de rouge. Tête, ventre, cou et
queue étaient tout blancs ; le dos entre les ailes d'un cendré
foncé (*dunkel æschenfarb*). Les pattes d'un bleuâtre clair. Son
estomac était rempli d'arêtes de poissons.

### 38. **Ein Frembde Seemeb.**

*Larus argentatus*, Brünn (jeune). Le Goëland à manteau bleu.
*Silber-Meve.* — N. 266. 3. 4. — N'apparaît pas dans les manuscrits à figures encore existants.

Ce gros oiseau étranger fut pris, le 15 novembre 1669, au filet
à canards. On en tira également un. Sa coloration générale était
celle d'un faucon. Il a un grand bec noir, avec une gibbosité
au-dessus. Son envergure est de 2 $^1/_2$ aunes. Ses pattes sont en
majeure partie pâles. Il pèse une livre et sait nager. Sa nourriture consiste en poisson et en viande. Il peut avaler plus d'une
livre de poisson par jour. Ces oiseaux étrangers amenèrent un
hiver bien froid et dur.

### 39. **Ein schwartze Seemeben.**

*Lestris parasitica*, Boic. Stercoraire parasite. *Schmarotzer
Raubmeve.* — N. 273. 2. — Ne paraît pas dans les manuscrits
à figures venus jusqu'à nous.

Cet oiseau étranger fut tiré le 16 septembre 1675. Il avait la
grosseur du pigeon. Sa couleur était en majeure partie noire ;
ses pieds, de la longueur d'un doigt, étaient bleuâtres et palmés
de noir. Il avait beaucoup de plumes, mais peu de chair. Se
nourrit de choses diverses, vers, poissons, pain.

### 40. **Ein Speirer**.

*Sterna hirundo*, L. L'Hirondelle de mer Pierre-Garin. *Fluss-Meerschwalbe. Rhinerspirel* ou *Rhinschwælmele*, en idiome strasbourgeois. — N. 252. 1. — St. 58. — B. M. 23. 33. — C. 68. 33.

Oiseau bien connu chez nous. Il arrive en avril et reste jusqu'à l'automne. Sa chair n'est pas bien bonne ; mais celle des jeunes vaut mieux. Il niche sur les bancs de gravier du Rhin. Les crues du fleuve détruisent souvent ses couvées. J'en ai pris beaucoup au moyen de gluaux amorcés d'un petit poisson.

### 41. **Ein Kessler**.

*Sterna nigra*, Briss. (jeune). L'Hirondelle de mer épouvantail. *Schwarze Seeschwalbe.* — N. 256. 3. — St. 58 (au verso). — B. M. 23. 34. — C. 70. 34.

Cet oiseau mange peu de poisson, mais vole constamment au-dessus des eaux à la recherche d'insectes ailés (*den Mucken zu gefallen*). Sa chair est meilleure que celle du précédent. Il arrive en mai, niche en juillet, et reste jusqu'en août. Souvent on en voit voler beaucoup ensemble. Sa couleur est plutôt noire que claire. Il y en a de deux sortes (couleurs). Le 20 avril 1650, j'en tirai quatre, des noirs, d'un seul coup de fusil. On l'appelle aussi *Schwartzer Brandvogel* ou *Meyvogel*.

### 42. **Ein Brandvogel** oder **Meyvogel**.

*Sterna nigra*, Briss. (plumage d'été). — N. 256. 1 et 2. — St. 5. — B. M. 22. 31. — C. 72. 35.

Ses noms viennent de sa couleur noire ou de son arrivée en mai. Souvent on en voit voler 20 à 30 ensemble. Parfois ils se posent tous sur le gravier au bord des eaux. J'en ai tiré beaucoup, entre autres quatre d'un même coup de fusil, le 2 mai 1651. Sa chair est excellente. Il y en a de deux sortes. Cet oiseau aime à happer les mouches aquatiques.

### 43. **Ein Fischerlein**.

*Sterna minuta*, L. La petite Hirondelle de mer. *Zwerg-Meerschwalbe.* — N. 254. 1. — St. 7. — B. M. 24. 36. — C. 74. 36.

Son nom allemand vient de ce qu'il est toujours à la recherche de poissons. L'un d'entre eux a-t-il pris un poisson, et un autre s'en aperçoit-il, celui-ci se met immédiatement à crier : *zerr in nider, zerr in nider* (avale-le, avale-le !). Sa chair est bonne. On le prend au moyen de gluaux amorcés d'un petit poisson. J'en tuai quatre d'un seul coup de fusil le 26 avril 1651, et trois de même le 25 avril 1652.

## 44. Ein grosser Seeflutter.

*Eudytes glacialis*, Illig. (jeune). Le Plongeon imbrin. *Eis-Seetaucher*. — N. 327. 2. — B. M. 6. 2. (dos brun, ventre blanc, sans autre dessin). — C. 76. 37. — Pas de figure dans l'exemplaire colorié de Strasbourg.

Le 12 septembre 1649, je tirai cet oiseau, que je n'avais jamais vu auparavant. Il peut nager sous l'eau à une portée de pistolet, et essuyer jusqu'à six coups de feu. Sa grosseur est celle d'une oie, et il pèse bien 5 livres. Sa nourriture consiste en poissons. Il a le ventre blanc, le dos noir et ferrugineux, avec des plumes à miroir en forme d'écailles (*schupechten Spiegelfedern*). Sa chair est bonne et savoureuse. C'était une femelle.

## 45. Ein Mittelgattung der Seedeuchel oder Seeflutter.

*Colymbus cristatus*, L. Le Grèbe huppé. *Grosser Lappentaucher*. — N. 242. 1. — St. 53. — B. M. 12. 13. (*Ein Seedeuchel*). — C. 78. 38.

Oiseau piscivore, qui avale aussi ses propres plumes, car son estomac en est toujours rempli. J'en tuai plusieurs, et j'en reçus aussi qui avaient été pris au filet. Il n'y en a pas beaucoup. Ils crient très haut (*machen ein laut Geschrey*), et plongent sans cesse à la recherche de leur nourriture. Leur chair est d'un goût agréable, mais renferme de petits os analogues à des arêtes de poisson. Le mâle a un gros bouquet de plumes sur la tête. En colère, il le relève comme deux oreilles d'âne.

## 46. **Ein Klein Seedeuchel** oder **Kleines Duch-Entel.**

*Colymbus minor*, L. Le Grèbe castagneux. *Kleiner Lappen-taucher.* — N. 247. 1. 2. — St. 41. — B. M. 15. 20. (mauvaise figure). — C. 80. 39.

Ce grèbe est bien connu chez nous. Il arrive vers la Saint-Michel et reste jusqu'à Pâques, car on n'en voit plus en été. En hiver, quand les rivières se couvrent de glace, il se réfugie sur les eaux vives. J'en tuai plusieurs et j'en pris d'autres au filet. Sa nourriture, qu'il cherche en plongeant constamment, consiste en poissons, grenouilles et insectes.

Baldner se trompe en disant que le castagneux nous quitte à Pâques. Cet oiseau est sédentaire toute l'année. Il est singulier que l'auteur ne mentionne pas ce fait. En tous cas, il confond le castagneux avec nos autres petits grèbes.

## 47. **Ein Pfaff** oder **Blasshenn.**

*Fulica atra*, L. La Foulque ou Morelle. *Gemeines Wasser-huhn.* — N. 241. 1. — St. 32. — B. M. 25. 38. — C. 82. 40.

La foulque se nourrit sur l'eau et sur terre comme une poule. Elle affectionne les lieux plantés de roseaux. Sa chair est excellente à condition d'être bouillie au préalable, car elle a un très fort fumet spécial. Les pieds sont ses armes défensives.

## 48. **Ein Wasserhünel.**

*Gallinula chloropus*, Lath. La Poule d'eau. *Gemeines Teich-huhn.* — N. 240. 1. — St. 44 (au verso). — B. M. 26. 39 (*Ein gross Wasserhünlein*, fig. mal exécutée). — C. 84. 41.

La poule d'eau se nourrit sur la terre et sur l'eau, et bien qu'elle n'ait pas les pieds palmés, elle nage fort bien. Son nid se trouve dans un buisson, à hauteur d'homme ou à un pied de l'eau dans les roseaux. Il est très artistement construit, extérieurement au moyen d'épines et intérieurement de racines molles ; au-dessous, il est rendu imperméable par une couche de terre glaise. J'ai trouvé jusqu'à dix œufs dans un de ces nids, et j'ai entendu crier les petits dans les œufs encore entiers. Pendant qu'elles couvent, les femelles ont aussi, comme les mâles, une petite plaque rouge sur le bec; j'observai ce fait le 20 juin 1668. Ces oiseaux affectionnent les endroits tranquilles dans les fossés des fortifications. Ils sont très difficiles à tirer, mais j'en tuai beaucoup, car je les poursuivais spécialement. Leur chair est excellente.

### 49. **Ein Rohrhünel.**

*Rallus aquaticus*, L. Le Rale d'eau. *Wasserralle.* — N. 235. 1. — St. 20. — B. M. 26. 40. — C. 86. 42.

Les rales courent dans les haies, le long des eaux. En juillet, ils ont 6 ou 8 petits. Leur chair est excellente. Ils se nourrissent comme les poules.

### 50. **Ein Fifitz** oder **Geyfitz.**

*Charadrius vanellus*, Wagler. Le Vanneau huppé. *Gemeiner Kibitz.* — N. 179. 1. — St. 6. — B. M. 28. 43. — C. 88. 43.

Le nom vient de leur cri. Ils se tiennent volontiers dans le voisinage des eaux, et se trouvent chez nous toute l'année. Les vanneaux nichent, de fin mai à juin, dans le gazon sur une taupinière, et pondent trois ou quatre œufs. Rencontre-t-on un nid avec des petits, ceux-ci le quittent pour se cacher d'une façon si parfaite qu'il est très difficile de les retrouver. Ces oiseaux volent souvent en troupes. Ils se nourrissent d'insectes, de vers, de mouches, etc. Leur chair est encore meilleure que celle du pigeon.

### 51. **Ein Rohr Reyger.**

*Ardea comata*, L. Le Héron crabier. *Schopfreiher.* — N. 224. 1. — St. 19. — B. M. 19. 28. — C. 90. 44.

Singulière espèce de petit butor. Je tuai ce bel oiseau le 4 juillet 1646. Personne ne put lui donner un nom. Le 24 mai 1651, j'en tirai encore un.

Baldner donne deux longues descriptions de ces oiseaux. Il dit aussi qu'ils se nourrissent de poissons, de grenouilles, de chenilles et de larves (*Werben so die Frucht abbeissen*), détails que lui procurèrent probablement l'examen des entrailles, opération que l'auteur pratique constamment et à laquelle il attribue une grande importance.

Nous avons été très étonné de ne pas rencontrer chez Baldner la mention spéciale du petit butor ou héron blongios (*Ardea minuta*, L.). Cet oiseau se rencontre pourtant partout sur les eaux strasbourgeoises, et est bien caractérisé. La désignation de : *Ein sonderbare Art der kleinen Rohrdummel*, appliquée au héron crabier, paraît impliquer pourtant la connaissance du blongios que Baldner confondait probablement avec le grand, en l'appelant petit exemplaire de l'espèce. Chez plusieurs oiseaux (Nos 8, 55, 60, 62, etc.), il dit d'ailleurs expressément qu'il y en a une, deux ou plusieurs espèces du genre. (*Dieses Geschlechts sind zweierley*, etc.).

## 52. **Ein Kœpel** oder **Fyfitz Kœpel**.

*Charadrius auratus*, Suck. Le Pluvier doré. *Goldregenpfeifer*. — N. 173. 2. — St. 10. — B. M. 27. 42. — C. 104. 51.

Je tuai ce bel oiseau représenté le 10 octobre 1648. Sa chair est meilleure que celle du vanneau, mais l'espèce est assez rare. Les pluviers dorés cherchent leur nourriture au bord de l'eau. Parfois ils volent ensemble au nombre d'une dizaine et même se réunissent en si grandes troupes qu'un chasseur habile peut en prendre une cinquantaine d'un seul coup de filet à vanneaux. Quand il est gras, l'oiseau pèse une demi-livre.

## 53. **Ein Thriel**.

*Oedicnemus crepitans*, Temm. L'Oedicnème. *Europæischer Triel*. — N. 172. — St. 32 (au verso, figure très petite et méconnaissable). — C. 92. 45. — Pas dans l'exemplaire de Londres.

Je reçus cet oiseau le 9 octobre 1651. Il avait été tué sur les champs à Plobsheim. Je ne l'avais jamais vu, et je prends son nom dans l'ouvrage du Docteur Gessner. (Baldner en donne une longue et bonne description). Je ne trouvai dans son estomac que trois petites graines noires. C'était une femelle pesant une livre et 4 loths. L'oiseau fut gras, et délicieux de chair comme une perdrix. La chair était de deux sortes : l'intérieure plus blanche et délicate que l'extérieure. J'estime que comme cet oiseau a de longues jambes, il doit habiter les lieux marécageux, et être un bon coureur à la manière de l'autruche qui a les mêmes pattes. Je le crois oiseau moitié terrestre et moitié aquatique.

(Signalons, à cette occasion, que Gessner rapporte que de son temps la grande outarde se montrait beaucoup en Alsace aux environs de la ville de Brisach. Il parle aussi des douze petits échassiers qui se rencontrent près de Strasbourg, et dont les figures, reproduites par des bois méconnaissables, lui avaient été envoyées par le peintre Schann, grand chasseur et amateur d'oiseaux).

### 54. Ein Gluth.

*Totanus glottis*, Bechst. Le Chevalier aboyeur. *Hellfarbiger Wasserlæufer.* — N 201. — St. 8 (et 9. *glareola* N. 198. 2). — P. M. 20. 30. — C. 96. 47.

J'en tirai beaucoup. C'est peut-être le meilleur de tous les oiseaux d'eau. Il nous arrive en juillet et reste jusqu'en octobre, en cherchant au bord des eaux sa nourriture, qui consiste en petits poissons, escargots, insectes, etc. Il devient très gras, au point de peser une demi-livre. Ce chevalier fait ses petits en juin dans les haies des bords du Rhin, car en juillet je pus tirer déjà des jeunes. Son cri est un sifflement aigu. (*Ihr Geschrey ist so laut alss ein Pfeiff*). Il n'y en a qu'une espèce.

Malgré cette dernière affirmation, Baldner paraît encore désigner la *T. glareola*, de Naumann, sous la rubrique Gluth. Le manuscrit de Strasbourg (fol. 9) en donne d'ailleurs la figure sous l'une des deux *Gluth* représentées (l'exemplaire collé et ajouté). Voici ce qu'en dit l'auteur : Le 26 avril 1652, je tirai un de ces chevaliers, qui avait des œufs dans le corps. *Cette espèce est bien maigre en avril et mai parce qu'elle couve en mai.*

### 55. Ein grosses Rothbeinel.

*Totanus calidris*, Bechst. Le Chevalier aux pieds rouges. *Gambett-Wasserlæufer.* — N. 199. — St. 22. — C. 94. 46. fig. 2.

J'en tuai également beaucoup. Ils ont un autre cri que le précédent. Leur nourriture consiste en petits poissons, escargots, etc., qu'ils trouvent au bord de l'eau. Ils arrivent en avril et restent jusqu'en octobre. En avril et mai leur chair est la moins bonne ; en automne, par contre, elle est délicieuse.

Les 5, 6 et 7 mai 1652, je tuai beaucoup de ces chevaliers. Ils se ressemblaient tous. Il n'y a aussi qu'une espèce de cette sorte intermédiaire.

### 56. **Ein Mattknitzel** (*Mattknittzel*, à Cassel).

*Machetes pugnax*, Cuvier. Le Combattant. *Vielfærbiger Kampflæufer*. — N. 192. 193 ♀. — St. 12. — B. M. 28. 44. — C. 98. 48.

Je tirai l'oiseau représenté, le 9 septembre 1648. On en prend très peu. Ils se nourrissent le long des eaux. Le 27 mars 1651, j'en tuai cinq d'un coup de fusil, dont quatre mâles. Ils avaient des plumes ressemblant à celles des perdrix. Les femelles sont moins belles.

### 57. **Ein gross Rothbeinel**.

*Totanus fuscus*, Leisler. Le Chevalier arlequin. *Dunkelfarbiger Wasserlæufer*. — N. 200. 1. — St. 21 (plumage d'été). — B. M. 20. 29. — C. 100. 49.

Je tirai cet oiseau en 1648. (Suit la description d'une variété de l'oiseau suivant).

### 58. **Ein Art der kleinen Rothbeinlin** (Strasbourg). **Ein klein Rothbeinel** (Londres). **Ein Rothbeinel** (Cassel).

*Totanus fuscus*, Leisler, jeune (en plumage d'hiver). — N. 200. 2. — B. M. 27. 41. — C. 94. 46, fig. 1.

L'oiseau représenté fut tué en mai 1663. Je n'en avais pas vu auparavant. Se nourrit de petits poissons et d'insectes.

Kræner oublie cet oiseau dans son *Aperçu* des oiseaux d'Alsace. Il y oublie encore les *Totanus glareola*, Temm ; *Tringa Temmincki*, Leisler ; *Charadrius cantianus*, Lath. Toutes ces espèces d'Alsace se trouvent au musée de Strasbourg, et l'auteur ne s'est pas donné la peine de vérifier le fait. Nous avons assisté à la *compilation* de son Aperçu. Les œufs et l'habitat y sont décrits d'après Bechstein, etc. Krœner n'était pas un naturaliste, mais un excellent préparateur d'oiseaux et d'insectes, et un marchand d'objets d'histoire naturelle, après avoir été longtemps maître d'école. Si cet auteur avait été sérieux, il aurait consulté le manuscrit de Baldner à la Bibliothèque publique, et nous aurions au moins la satisfaction d'avoir vu utiliser pour les oiseaux le plus complet et important des manuscrits de 1666, aujourd'hui disparu à jamais.

### 59. Ein Ueberschnabel.

*Recurvirostra avocetta*, L. L'Avocette. *Avosett-Säbler.* — N. 204. 1. — St. 31, — B. M. 19. 27. — C. 102. 50.

On prit cet oiseau en 1647, près de Diersheim. Il se nourrit de poissons, de limaces et d'autres bêtes aquatiques. Le bec lui valut son nom.

### 60. Ein Steingellel.

*Totanus ochropus*, Temm. Le Chevalier cul-blanc. *Punktirter Wasserlæufer.* — N. 197. — St. 26. — B. M. 31. 49. — C. 108. 53 (*Steingell*).

Excellent oiseau, dont la chair est réputée, et qui se rencontre toute l'année chez nous. Il vole constamment près des eaux et des mares solitaires, à la recherche des vermisseaux, insectes, crevettes d'eau douce, larves de friganes, etc. Quand on le fait lever, il pousse les cris perçants qui lui valurent son nom. Le nid se trouve à terre et est formé de feuilles sèches et de menues brindilles. Il n'y a qu'une espèce de cette sorte.

### 61. Ein Wasser Schnepf.

*Scolopax gallinago*, L. La Bécassine. *Gemeine Sumpfschnepfe.* — N. 209. — St. 25. — B. M. 29. 46 (*Ein Wasserschnepfel*). — C. 106. 52.

Oiseau particulièrement délicat de chair, et qui est toujours gras. Il se tient régulièrement près des eaux en quête de larves d'insectes, de crevettes, etc. On ne le voit qu'en le faisant lever, ce qui n'a souvent lieu qu'à trois pas du chasseur. Il est chez nous toute l'année. Les mâles sont difficiles à distinguer des femelles.

### 62. **Ein Roth Knittzel** oder **Schwartzfuess**.

*Tringa alpina*, L. (*variabilis* de Kræuer). Le Bécasseau variable ou La Brunette. *Alpen Strandlœufer.* — N. 186. 1 et 3. — St. 23. — B. M. 31. 50. — C. 110. 54 (*Roth Knittzel*).

Ce bécasseau nous arrive en août, les jeunes en septembre. D'abord il y en a peu et ils sont isolés. Vers la mi-septembre ils commencent à se rassembler et à voler ensemble par trentaines et plus. Ils restent jusqu'en octobre, puis on n'en voit plus jusqu'en août. La chair de cet oiseau est fort prisée. J'en tirai beaucoup. Le nom vient de leurs plumes rouges. Bec et pattes sont tout noirs. Il n'y en a qu'une sorte.

### 63. **Ein Pfisterlin**.

*Actitis hypoleucos*, Brehm. Le Chevalier guignette. *Fluss-Uferlœufer.* — N. 194. — St. 15. — B. M. 30. 47. — C. 112. 55.

Oiseau toujours au bord de l'eau à la recherche des insectes aquatiques. Il nous vient en avril et reste jusqu'en novembre. Les jeunes paraissent en août. Souvent, vers le soir, ils volent ensemble au nombre de vingt ou trente ; de jour, ils se séparent. Leur cri est perçant. Leur chair est meilleure que celle des grives. Quand j'en blessais un à l'aile, il nageait et plongeait à la manière des grèbes. Au plumage, le mâle ne se distingue pas de la femelle ; mais il est un peu plus grand.

### 64. **Ein Riegerlin** oder **Kop Riegerlin**.

*Charadrius hiaticula*, L. Le Pluvier à collier. *Sandregenpfeifer.* — N. 175. 1, livrée d'été ; 2, jeune. — B. M. 29. 45 (*Ein Kopregerling*). — C. 114. 56.

Il nous arrive en juin et reste jusqu'en octobre. C'est également un oiseau toujours près de l'eau, à la recherche des insectes et des bestioles vivant dans l'eau. On en vante fort la chair. Les plus gros pèsent 4 $^1/_2$ loths. Les femelles ne se distinguent pas facilement des mâles. Ils ont un anneau blanc autour du cou (jeunes). Le 6 mai 1652, j'en tirai plusieurs ayant des anneaux noirs autour du cou, c'étaient des mâles (plumage d'été du mâle).

### 65. **Ein Eysvogel.**

*Alcedo ispida*, L. Le Martin-pêcheur. *Eisvogel.* — N. 144. — St. 40 (au verso). — B. M. 32. 52. — C. 118. 58.

Le plus beau des oiseaux d'eau. Ne se nourrit que de poissons. A-t-il un poisson trop gros dans le bec, il le frappe fortement contre la branche sur laquelle il s'est posé, jusqu'à ce qu'il soit mort et qu'il puisse le manger tranquillement. A-t-il faim en hiver et le fait-on lever, il crie : *gibts nichts, gibts nichts* (n'y aura-t-il rien ?). On ne vante pas sa chair qui a un mauvais goût. Il niche au fond de trous dans la glaise des berges, etc. (Baldner décrit bien et longuement ses mœurs).

### 66. **Ein Wasseramsel.**

*Cinclus aquaticus*, Bechst. Le Cincle ou Merle d'eau. *Wasseramsel.* — N. 91. — St. 25 (au *verso*). — B. M. 34. 55. — C. 116. 57.

En 1657, je tirai plusieurs Cincles au bain de Petersthal (dans la Forêt-Noire, où aujourd'hui encore l'oiseau est abondant). Ils vont sous l'eau à la recherche de leur nourriture, et ont trois ou quatre petits. Leur chant est fort beau.

### 67. **Ein sondere Art der Wasservœgelin.**

*Phalaropus angustirostris* N. (*fulicarius* Pen. Musée de Strasbourg). Phalarope cendré. *Schmalschnæbliger Wassertreter.* — N. 205. 3, en plumage d'hiver. — C. 120. 59.

Bien que nous n'ayons pas vu la figure de cet oiseau, qui n'existe plus que dans le manuscrit de Cassel, nous n'hésitons pas à reconnaître en lui le Phalarope cendré. La description de Baldner, que nous faisons suivre en entier, ne s'applique à aucun autre :

« Ce petit oiseau aquatique peut se comparer au petit bécasseau variable (*klein Rothknittzel*), mais il n'en a pas les pattes, *qui chez lui sont larges* (élargies, *breit*) *et propres à la nage*. Son poids total, plumes comprises, est de 2 loths. Il est long de sept pouces de la pointe du bec jusqu'aux doigts et a un *petit bec noir*. Ses pattes sont longues de deux pouces, *et d'un jaune pâle*. L'envergure est de douze pouces. Ne se nourrit que sur les eaux. Sa chair est aussi bonne que celle des bécassines ».

Cette espèce n'est pas encore signalée d'Alsace. Nous hésitons d'autant moins à la reconnaître que nous savons par Naumann qu'elle descend des régions arctiques jusqu'en Suisse, et que ce consciencieux auteur la tua lui-même un jour dans une bande de ces mêmes bécasseaux variables auxquels Baldner la compare.

### 68. Ein Wasserlerch oder Geickerlen.

*Anthus aquaticus*, Bechst. Le Pipit spioncelle. *Wasserpieper.* — N. 85. 2. 4. — St. 29 (méconnaissable). — B. M. 32. 51. — C. 124. 61.

On ne voit cet oiseau qu'en hiver, au bord de l'eau. Il est bien confiant. Son nom vient de son cri. On pourrait aussi l'appeler alouette d'eau, car comme les alouettes il a un long éperon.

### 69. Ein grohe oder weisse Wasser Stelz.

*Motacilla alba*, L. La Lavandière ou Bergeronnette blanche. *Weisse Bachstelze.* — N. pl. 86. — St. 28. — B. M. 33. 53. — C. 122. 60. (Les deux espèces de bergeronnettes sur la même feuille).

Cet oiseau est plus abondant que le suivant. On le trouve toute l'année chez nous. Ses petits quittent d'ordinaire le nid au commencement de juin. Il a la chair assez bonne. Le plus souvent il reste près de l'eau.

### 70. Ein gelbe Wasser Stelz.

*Motacilla flava*, L. Bergeronnette de printemps. *Gelbe Bachstelze.* — N. 88. — Pas de figure dans le manuscrit de Strasbourg. — B. M. 33. 54. — C. 122. 60.

On les voit chez nous toute l'année. Leur chair est bonne. En ayant blessé à l'aile, je les vis avec étonnement nager et plonger. Leurs petits quittent le nid au commencement de juin.

Baldner confond nos deux espèces de bergeronnettes aux couleurs jaunes. Il représente celle de printemps; mais en disant qu'elle reste chez nous toute l'année, il se trompe. En hiver, celle-ci est généralement remplacée par la bergeronnette jaune (*M. sulphurea*, Bechst. N. 87, *graue Bachstelze*), qui passe l'été dans la montagne et le Nord.

### 71. Ein kleines Riegerlin.

*Charadrius minor*, Meyer. Le petit Pluvier à collier. *Fluss-Regenpfeifer*. — N. 177. — B. M. 30. 48 (*Ein Regerlein*). — C. 126. 62.

Voici tout ce qu'en dit Baldner : « Un petit pluvier (*Riegerlin*) de la plus petite espèce. Son cri est tremblotant (*zitterecht*). Il pèse, plumes comprises, 2 loths. En août, ils volent plusieurs ensemble. Sa longueur totale est de six pouces ; il a une longue langue. L'envergure est de 12 pouces. Ces oiseaux sont gras et bons. Ils n'ont pas seulement trois doigts comme les grands pluviers, mais encore un petit doigt postérieur ».

### 72. Ein Mattkernel.

*Crex pratensis*, Bechst. Le Râle de genêts ou Roi des cailles. *Wiesensumpfhuhn*. — N. 236. — St. 11 (avec figure).— N'existe pas dans les manuscrits de Londres et de Cassel.

Baldner n'en dit que ce qui suit : « Un râle de genêts a un petit estomac et un grand foie. Ses intestins et son gosier sont longs d'une aune. Il mange toutes sortes de plantes (*allerley Sot*) et est délicieux de chair ».

Oiseaux d'eau signalés en Alsace, et non mentionnés ou spécifiquement distingués de leurs congénéres par Baldner.

1. *Calidris arenaria*, Illiz. Sanderling variable. *Graue Sanderling.*
2. *Hæmatopus ostralegus* L. L'Huîtrier. *Austernfischer.*
3. *Charadrius morinellus*, L. Le Pluvier guignard. *Mornell-Regenpfeifer.*
4. *Vanellus melanogaster*, Bechst. Le Vanneau pluvier. *Schwarzbauchiger Kibitz.*
5. *Grus cinerea*, Bechst. La Grue cendrée. *Grauer Kranich.*
6. *Ardea purpurea*, L. Le Héron pourpré. *Purpurreiher.*
7. *Ardea minuta*, L. Le Blongios. *Kleiner Rohrdommel.*
8. *Phœnicopterus antiquorum*, T. Le Flamant rouge. *Rother Flamingo.*
9. *Ibis falcinellus*, Temm. L'Ibis falcinelle. *Sichler.*
10. *Platalea leucorodia*, L. La Spatule. *Weisser Löffler.*
11. *Numenius phæopus*, Lath. Le petit Courlis. *Regenbracher.*
12. *Tringa cinerea*, L. Le Bécasseau canut. *Canutstrandlæufer.*
13. *Tringa minuta*, Leissler. Le Bécasseau échasse. *Kleiner Strandlæufer.*
14. *Himantopus melanopterus*, Meyer. L'Échasse. *Grauschwænziger Stelzenlæufer.*
15. *Limosa rufa*, Briss. La Barge rousse. *Rostrother Sumpflæufer.*
16. *Limosa melanura*, Leissler. La Barge à queue noire. *Schwarzschwænzige Uferschnepfe.*
17. *Scolopax major*, L. La double Bécassine. *Grosse Sumpfschnepfe.*
18. *Scolopax gallinula*, La Bécassine sourde. *Moorschnepfe.*

19. *Gallinula porzana*, Lath. La Poule d'eau marouette. *Punktirtes Rohrhuhn.*

20. *Gallinula pusilla*, Bechst. La Poule d'eau poussin. *Kleines Rohrhuhn.*

21. *Podiceps rubricollis*, Lath. Le Grèbe jou-gris. *Graukehliger Lappentaucher.*

22. *Podiceps cornutus*, Lath. Le Grèbe cornu. *Gehœrnter Lappentaucher.*

23. *Colymbus arcticus*, L. Le Plongeon Lumme. *Arktischer Taucher.*

24. *Colymbus septentrionalis*, L. Le Plongeon Cat-marin. *Rothkehliger Seetaucher.*

25. *Uria Crylle*, Lath. Le petit Guillemot noir. *Kleine Lumme.*

26. *Lestris pomarina*, Temm. Le Stercoraire pomarin. *Mittlere Raubmœve.*

27. *Lestris cataractes*, Temm. Le Stercoraire cataracte. *Grosse Raubmœve.*

28. *Lestris Buffonii*, Boje. Le Stercoraire de Buffon. *Buffon'sche Raubmœve.*

29. *Cygnus olor*, L. Le Cygne domestique. *Zahmer Schwan.*

30. *Anser cinereus* ou *ferus*, Lath. L'Oie cendrée. *Graugans.*

31. *Anser brachyrhynchus*, Baill. L'Oie au bec court. *Kurzschnœbelige Gans.*

32. *Anas nigra*, L. La Macreuse. *Trauerente.*

33. *Anas glacialis*, L. Le Canard de Miclon. *Eisente.*

34. *Anas rufina*, Pallas. Le Canard siffleur huppé. *Kolbente.*

35. *Anas marila*, L. Le Milouinan. *Bergente.*

Baldner ne cite pas non plus, parmi les oiseaux d'eau, l'Aigle pygargue, les Fauvettes des roseaux, la Gorge-bleue et l'Hirondelle de rivage. Par contre jusqu'ici lui seul mentionne d'Alsace les espèces suivantes :

1. *Sterna caspia*, Pallas. L'Hirondelle de mer Tschegrava. *Raubmeerschwalbe.*

2. *Phalaropus angustirostris*, N. Le Phalarope cendré. *Schmalschnœbeliger Wassertreter.*

3. *Anas rutila*, Pall. Le Canard kasarcka. *Rost-Ente.*

Nous sommes convaincu que si Baldner avait eu à sa disposition les armes de chasse perfectionnées en usage de nos jours, la liste de ses captures intéressantes se serait bien accrue. La chasse au fusil à rouet devait exposer à bien des mécomptes.

Il est assez curieux de constater que presque tous les noms d'oiseaux de Baldner se sont perdus à Strasbourg. Le peuple ne les connaît plus, et pourtant ils furent usuels pendant des siècles, et constamment mentionnés dans les tarifs officiels du marché strasbourgeois. L'oisellerie, autrefois si florissante qu'elle imposa un sobriquet aux Strasbourgeois (*Meiselocker*), est un art perdu dans nos régions, et avec elle disparurent les termes usuels des ancêtres. Il n'est plus permis que de pêcher, et nos concitoyens se rabattent sur la pêche à la ligne, au point que nous avons cru devoir leur consacrer en 1879 une feuille volante humoristique intitulée : *D'Fischer vun Strossbury.*

Avant 1500, la chasse était une passion populaire. En 1501, Albert, évêque de Strasbourg et landgrave d'Alsace, et trois autres grands seigneurs d'Alsace, annoncent à Guillaume de Ribeaupierre qu'ils viennent de défendre aux bourgeois et manants de leurs terres d'exercer le droit de chasse. « Ils se ruinent, dirent-ils, tant ils mettent d'ardeur à la poursuite du gibier, soit de jour, soit de nuit ». Nos paysans, en général, perdirent le droit de chasse à la suite de leur soulèvement de 1525, ou de la guerre des paysans.

Une ordonnance strasbourgeoise de 1449 faisait défense de chasser aux oiseaux, du Carnaval à la Saint-Jean (de février à juin). La vente des oiseaux était interdite pendant la même période. N'étaient exceptés que les cailles et les hirondelles de mer, ainsi que les petits oiseaux au nid, mais arrivés à leur entier développement. Les tourterelles étant encore au nid à la Saint-Jean, on ne pouvait les chasser qu'après la Ste-Marguerite (20 juillet). Une ordonnance du 16e siècle y ajoute les échassiers et le gibier d'eau.

Nous le répétons, les Strasbourgeois furent de tout temps de grands oiseleurs. Aujourd'hui ce souvenir même va se perdant, les prohibitions en tout genre ayant dégoûté nos concitoyens de leur plaisir favori. Ne venons-nous pas de voir interdire même la capture séculaire des étourneaux de passage, uniquement parce qu'un homme, plus sensible que sage, s'était ému des hécatombes qu'en faisaient les pêcheurs du Rhin? Au lieu de manger l'étourneau, c'est l'étourneau qui mange aujourd'hui l'homme ou plutôt ses récoltes, tant il est vrai que les Sociétés de protection des animaux protègent souvent mal le roi des animaux lui-même !

LISTE alphabétique des Oiseaux de Baldner, avec leurs noms anciens à Strasbourg, qui se rencontrent dans les mercuriales, etc.

Le chiffre accompagnant le nom indique le prix officiel de l'oiseau en pfennigs strasbourgeois. Chez les canards et les gros oiseaux les petits exemplaires coûtaient d'ordinaire un ou deux pfennigs de moins que les grands. On embrassera d'un coup-d'œil, par ce tableau, les espèces réellement marchandes et d'habitude sur le marché. Le pfennig strasbourgeois équivalait à peu près au sou moderne.

| Noms de Baldner. | Noms latins. | Dénominations usitées à Strasbourg à diverses époques. | | | |
|---|---|---|---|---|---|
| **1666** | **1587.** | **1564.** | vers **1500.** | **1381.** | **12e siècle.** |
| Antvogel. | *Anas boschas,* L.. | Antvogel 12-13 (le canard domestique coûte 10 pf.) | Antvogel, 9. (le canard domestique coûte 8 pf.) | Antvogel, 10. (le canard domestique coûte 8 pf.) | Anit. |
| Id. (türkischer) | *Anas rutila,* Pall. | — | — | — | — |
| Baumganss (Schottische). | *Anser torquatus,* Frisch. | Baumganss. | — | — | — |
| Blassbenn (oder Pfaff). | *Fulica atra,* L. | — | — | — | — |
| Brandvogel (od. Mayvogel) | *Sterna nigra,* Briss. (noire) | Meyvögelin. | Meyvögelin. | Meygevogel. | — |
| Breitschnabel. | *Anas clypeata,* L. | Breitschnabel 10. | Breitschnabel. 7. | Breitschnabel 8. | — |
| Brogvogel. | *Anas strepera,* L. | Brachvogel. 10. | Brohvogel 7. | Brochvogel 8. | Brachvogil ? |
| Dressel. | *Anas crecca,* L. | — | Trosselin, 4. | — | — |

| Noms de Baldner. | Noms latins. | Dénominations usitées à Strasbourg à diverses époques. | | | |
|---|---|---|---|---|---|
| **1666.** | **1853.** | **1561.** | vers **1500.** | **1381.** | **13e siècle.** |
| Drittvogel (grossr weisser) | *Anas clangula,* L. | Trittvogelin, 7. | Drittvogel, 4. | Trittvogelin, 5. | — |
| Eisvogel. | *Alcedo ispida,* L. | — | — | — | Isfogel. |
| Ente (ein fremde). | *Anas mollissima,* L | — | — | — | — |
| Ente (ein schöne fremde) | *Anas tadorna,* L. | — | — | — | — |
| Fischadler. | *Falco haliœtus,* L. | — | — | — | Stocharo (*alietus*). |
| Fifitz. | *Charadrius vanellus,* Wagler. | Vivitz, 6. | Vivitz, 3. | Vivitz, 3 – 2¹/₂. | — |
| Fischerlen. | *Sterna minuta,* L. | Fischerlin. | (Meyvögelin). | (Meyvögelin). | — |
| Glutt. | *Totanus glottis,* Bechst. | Glutt, 5. | Glut, 4. | Glute, 4. | — |
| Kernel. | *Anas querquedula,* L. | — | — | — | — |
| Kessler. | *Sterna nigra* (claire) Briss. | Kesseler. | Kesseler. | Kessler. | — |
| Köppel (oder Fyfitz Kœpel). | *Charadrius auratus,* Such. | Vivitz Köpplin, 6. | Vivitz Köpplin, 4. | — | — |
| Maehb (schwartze). | *Lestris parasitica,* Boie. | — | — | — | — |
| Mähben (grosse See-). | *Sterna caspia,* Pall. | — | — | — | — |
| Mœhb (gar grosse See-). | *Larus marinus* L. | — | — | — | — |
| Mähben (frembde See-) | *Larus tridactylus,* Lath. | — | — | — | — |
| Möhben (frembde Seem. der grogen). | *Larus canus,* L. | — | — | — | — |
| Mähben (frembdeSeem.) | *Larus argentatus,* Briss. | — | — | — | — |
| Mœhben (Winter- u. andere Art). | *Larus ridibundus,* L. | — | — | — | — |
| Mattkernel. | *Crex pratensis,* Bechst. | Mattkern. | — | — | — |

| Noms de Baldner. | Noms latins. | Dénominations usitées à Strasbourg à diverses époques. | | | |
|---|---|---|---|---|---|
| **1666.** | **1667.** | **1564.** | vers **1500.** | **1381.** | **12e** siècle. |
| Mattknitzel. | *Macheles pugnax,* Cuv. | Mattknillis. | — | Knullis, 1. | — |
| Merch (grosse). | *Mergus merganser,* L. | Merrich, 10. | Merrich, 7. | Merrich, 8. | — |
| Merch (kleine). | *Mergus serrator,* L. | — | — | — | — |
| Meyvogel (voy. Brandvogel). | — | — | — | — | — |
| Muhrvogel. | *Anas fuligula,* L. | Murvogelin, 6. | Murvogel, 4. | Murvogelin, 5. | — |
| Nachtraab. | *Ardea nyctico- rax,* L. | Nachtram. | — | — | Nahtram |
| Nunn (grosse weisse) | *Mergus albellus,* L. | Nunelin, 7. | Nunelin, 4. | Nunelin, 5. | — |
| Pfaff (oder Blasshenn). | *Fulica atra,* L. | — | — | — | — |
| Pfisterlin | *Actitis hypo- leucos,* Brehm. | Fysterlin. | — | — | — |
| Rackhalss. | *Anas acuta,* L. | Raghals, 10. | Rackhalss, 7. | Raghals, 8. | — |
| Regenvogel. | *Numenius ar- cuata,* Lath, | Regenvogel, 8. | Regenvogel, 6. | Regenvogel, 6. | — |
| Reyger. | *Ardea cinerea,* Lath. | — | — | — | Heyger. |
| Weisser Reyger | *Ardea garzetta,* L. | — | — | — | — |
| Riegerlen. | *Charadrius hiaticula,* L. | Koppriegerle. | — | — | — |
| Riegerlin (kleiner). | *Charadrius minor,* Meyer. | Riegerle. | — | — | — |
| Rohrdummel. | *Ardea stellaris,* L. | — | — | — | — |
| Rohrhünel. | *Rallus aquaticus,* L. | Wynkernel ? | — | — | — |
| Rohrreyger. | *Ardea comata,* L. | — | — | — | — |
| Rothbeinel (grohes). | *Totanus calidris,* Bechst. | Rothbein, 5. | Rotbein, 3. | Rotbeinlin, 3. | — |
| Rothbeinel (gross). | *Totanus fuscus,* Leisl. | ? Deffyt, 5. | ? Defyt, 4. | ? Defit, 4. | — |
| Rothbeinel (klein). | d° | d° | d° | d° | — |
| Rothhalss (grosser). | *Anas ferina,* L. | Rothhalss, 10. | — | — | — |
| Rothhalss (kleiner). | *Anas nyroca,* Guld. | — | — | — | — |

| Noms de Baldner. | Noms latins. | Dénominations usitées à Strasbourg à diverses époques. | | | |
|---|---|---|---|---|---|
| **1666.** | **1887.** | **1561.** | vers **1500.** | **1381.** | **12e siècle.** |
| Rothknitzel (oder Schwartzfuess). | *Tringa alpina*, L. | Rockknillis. | — | — | — |
| Scharff. | *Haliæus cormoranus*, L. | — | — | — | — |
| Schmeigen. | *Anas Penelope*, L. | Schmiehe, 16. | Smye, , | Schmiehe, 8. | — |
| Schneegans. | *Anser segetum*, B. | Wildegans, 10. (L'oie domestique coûtait 18 pᶠ.) | Wildgans, 14. | Wildgans, 14. (L'oie domestique coûtait 16 pᶠ) | Hagilgans. |
| Schwan. | *Cygnus xanthorinus*, N. | — | — | — | — |
| Seedeuhel (Mittelgattung der). | *Colymbus cristatus*, L. | — | — | — | — |
| Seedeuchel (klein). | *Colymbus minor*, L. | — | — | — | Tuchil. |
| Sceflutter (grossʳ) | *Eudytes glacialis*, Illig. | — | — | — | — |
| Speirer. | *Sterna hirundo*, L. | Speirer. | Speirer | Speirer. | — |
| Steingellel. | *Totanus ochropus* Temm. | Steingællyl. | — | — | Storck. |
| Storck. | *Ciconia alba*, Briss. | — | — | — | — |
| Stork (sonderlicher Art). | *Ciconia nigra*, Bel. | — | — | — | — |
| Thriel. | *Oedicnemus crepitans*, Temm. | — | — | — | — |
| Uberschnabel. | *Recurvirostra avocetta*, L. | — | — | — | — |
| Wasseramsel. | *Cinclus aquaticus* Bechst. | — | — | — | — |
| Wasserhünel. | *Gallinula chloropus*, Lath. | — | — | — | — |
| Wasserlerch (oder Geickerlen). | *Anthus aquaticus* Bechst | — | — | — | — |
| Wasserraab. | *Anas fusca*, L. | — | — | — | — |
| Wasserschnepf. | *Scolopax gallinago*, L. | ? Schmirring. | — | — | (Snepphe, la bécasse). |
| Wassersteltz (grosse). | *Motacilla alba*, L. | — | — | — | — |
| Wassersteltz (gelbe). | *Motacilla flava*, L. | — | — | — | Wasserstelza |
| Wasservögelin (sondere Art der). | *Phalaropus angustirostris*, N. | — | — | — | — |

A Strasbourg les oiseaux étaient vendus au marché aux poissons. On ne pouvait les mettre en vente quand ils avaient le cou coupé à moins d'un demi-doigt du corps. Vers 1500, deux cous de canard, accompagnés des foies, de l'estomac et des poumons, ne devaient pas coûter plus de 1 pfennig. Les cous des autres oiseaux et leurs viscères pouvaient se vendre mélangés, mais il fallait en donner au moins trois pour un pfennig. Les abatis de l'oie (*Genskræse*) valaient 3 pf. Le gibier ne pouvait être mis en vente pendant plus de trois jours à peine de confiscation en faveur de l'hôpital. En l'an 1500, les ménagères strasbourgeoises engraissaient déjà des oies. L'ordonnance à laquelle nous empruntons ces détails (Archives de Strasbourg. *St. Ord.* vol. 14, fol. 26) fait, en effet, défense de nourrir l'oiseau de tourteaux (*Massotkuchen*), mais prescrit pour lui l'emploi de bons grains (*sondern mit gutem gekörne mösten*). En 1381, presque toutes ces prescriptions étaient déjà en vigueur à Strasbourg, ville éminemment conservatrice sous le rapport de la réglementation ancienne. En 1381, il est fait mention des faisans (*Vasant hun*, 16, et *hun*, 14) dont il ne sera plus question dans les ordonnances subséquentes. La perdrix rouge paraîtra aussi en 1381, 1683 et 1690. Elle n'existe pas dans nos régions.

Extrait de vers latins du 12ᵉ siècle donnant une énumération d'oiseaux, avec les noms allemands de l'époque.

Ces vers sont tirés d'un parchemin provenant de la commanderie de Saint-Jean, et brûlé en 1870 avec la Bibliothèque publique de Strasbourg. Nous laissons au traducteur ancien la responsabilité de ses noms gothiques et nous marquons, par un point de doute, ceux qui n'ont pas de signification pour nous.

| Noms populaires du 12ᵉ siècle. | Noms latins du 12ᵉ siècle. | Noms allemands modernes. | Noms alsaciens modernes. | Noms français. |
| --- | --- | --- | --- | --- |
| Agilster. | Pica. | Elster. | Atzel. | Pie. |
| Amerinch. | Amarellus. | ? | ? | ? |
| Ampsila. | Merula. | Amsel. | Amsel. | Merle. |
| Auit. | Anas. | Ente. | Ent. | Canard. |
| Arin. | Aquila. | Aar. | Adler. | Aigle. |
| Birchhôn. | Attange. | Birkhahn. | Birckhahn. | Coq de bouleau. |
| Brachvogil. | Turdus. | Drossel. | Drôstel. | Grive. |
| Chuninch. | Pitrisculus. | ? | ? | ? |
| Crâ. | Cornix. | Krœhe. | Krabb. | Corneille. |
| Cranch. | Grus. | Kranich. | Kranich. | Grue. |
| Distilvincho. | Carduellus. | Distelfink. | Dissele ou Distelzwic. | Chardonneret. |
| Dorndraal. | Fursarius. | Würger. | Dornedrejer. | Pie grièche. |
| Drosgila. | Durdela. | Drossel. | Drôstel. | Grive. |
| Falcho. | Capus. | Falke. | Falk. | Faucon. |
| Fasihôn. | Fasionus. | Fasan. | Fasan. | Faisan. |
| Gir. | Vultur. | Geier. | (n'existe pas). | Vautour. |
| Grasemuckon. | Filomela. | Grasmücke. | Grasmuck. | Fauvette. |
| Gruonspeht. | Merops. | Grünspecht. | Grienspecht. | Pivert. |
| Habich. | Accipiter. | Habicht. | Hühnerdieb. | Autour. |
| Hagilgans. | Multivaga. | Wilde Gans. | Schneegans. | Oie sauvage. |
| Haselhôn. | Sparulus. | Haselhuhn. | Haselhuhn. | Gelinotte. |
| Hegetube. | Palumba. | Wilde Taube. | Wildi Tüb. | Ramier. |
| Hehera ou Parra. | Orix. | Heher. | Hœr. | Geai. |
| Heiger. | Ardea. | Reiher. | Reier. | Héron. |
| Hortubil. | Onocrotalus. | ? | ? | (Pelican ?) |
| Huo. | Bubo. | Uhu. | Uhu. | Grand-duc. |
| Isfogil. | Auriliceps. | Eisvogel. | Isvöjel. | Martin-pêcheur |

| Noms populaires du 12e siècle. | Noms latins du 12e siècle. | Noms allemands modernes. | Noms alsaciens modernes. | Noms français. |
|---|---|---|---|---|
| Lerecha. | Laudula. | Lerche. | Lerch. | Alouette. |
| Listeta. | Sepicecula. | ? | ? | ? |
| Meisa. | Parix. | Meise. | Meïs. | Mésange. |
| Musare. | Larus. | Mewe. | Rhiner-Spirel. | Mouette. |
| Nachtegala. | Luscinia. | Nachtigall. | Nachtigall. | Rossignol. |
| Nachtram. | Nocticorax. | Nachtreiter. | Nachtrab. | Bihoreau. |
| Orbôn. | Ortigometer. | Auerhahn. | Urhahn. | Coq de bruyère |
| Pisitech. | Psitacus. | Papagei. | Pappegei. | Perroquet. |
| Roch. | Graculus. | ? | ? | ? |
| Rotila. | Cupude. | ? | ? | ? |
| Sisigom. | Pellicanus. | Pelikan. | Pelikan. | Pélican. |
| Smirle. | Mirle. | ? | ? | ? |
| Sneppha. | Ficedula. | Schnepfe. | Schnepf. | Bécasse. |
| Sparwer. | Nisus. | Sperber. | Sperwer. | Épervier. |
| Specht. | Picus. | Specht. | Specht. | Pic. |
| Stara. | Sturnus. | Staar. | Staar. | Étourneau. |
| Stocharo. | Alietus | Flussadler. | Stossvœujel (') | Balbuzard. |
| Stork. | Ciconia | Storch. | Stork. | Cigogne. |
| Struz. | Strutio. | Strauss. | Vöjelstrü-s. | Autruche |
| Sualewa. | Hiruudo. | Schwalbe. | Schwælmele. | Hirondelle. |
| Taha. | Monedula. | Dohle. | Münsterdohl. | Choucas. |
| Tuchil. | Mergus. | Lappentaucher. | Dicherle ou Dachentel | Grèbe. |
| Uuuella. | Noctua. | Eule. | Ihl. | Hibou. |
| Vincho. | Fringellus. | Fink. | Fink. | Pinson. |
| Wahtela. | Quasquila. | Wachtel. | Wachtel. | Caille. |
| Wonnewohel(²) | Loaficus. | Thurmfalke. | Sperwer (Alsace) Wonnewirker (Bade). | Cresserelle. |
| Warchengil. | Cruricula. | ? | ? | ? |
| Wazerstelza. | Lucilia. | Bachstelze. | Bachstelz. | Hoche-queue. |
| Weho. | Ibis. | ? | ? | ? |
| Wite valcho. | Herodius. | ? | ? | ? |
| Witehopho. | Upupa. | Wiedehopf. | Kothhærnel. | Huppe. |

(') En Alsace le peuple confond tous les rapaces diurnes sous les noms de *Stossvœujel*, *Huhnerdieb*, *Weih* (*Weho*?), *Falk*.

(²) *Wonnevogel* (oiseau de bonheur). Encore aujourd'hui, dans la Forêt-Noire, le paysan place une ruche en paille au haut de sa maison, et s'estime heureux de voir la cresserelle, le *Wonnewirker*, l'oiseau de bon augure, nicher sous son toit.

DEUXIÈME PARTIE.

. . . .

## LE LIVRE DES POISSONS

renfermant quarante-cinq espèces de poissons et d'écrevisses
décrites d'après leurs caractères et particularités.

Tel est le titre que l'auteur donne à la deuxième, et de beaucoup la plus importante, partie de son ouvrage. Nous n'arrivons qu'à quarante-trois espèces après avoir réuni à leurs synonymes deux des numéros de Baldner.

Nos notices de cette deuxième partie sont presque toujours la traduction complète du texte original. Il eût été dommage de tronquer l'auteur. Tout au plus avons-nous parfois négligé une redite continuelle, à savoir que le poisson est meilleur pour la table avant d'avoir déposé son frai. Nous reproduisons fidèlement les affirmations de Baldner, en lui en laissant toute la responsabilité, et surtout sans accepter ses explications étymologiques, la plupart du temps trop fantaisistes.

Deux des manuscrits à figures de l'ouvrage avaient fort heureusement déjà été étudiés par un éminent spécialiste, feu le D<sup>r</sup> C. Th. E. DE SIEBOLD, qui consigna ses recherches dans un ouvrage magistral, où nous avons donc largement pu puiser, et intitulé : *Die Süsswasserfische von Mitteleuropa.* (Leipzig, 1863, in-8°).

Aux abréviations bibliographiques déjà signalées chez les oiseaux il convient d'en ajouter d'autres, spéciales à la deuxième partie : S. = L'ouvrage précité du D<sup>r</sup> de Siebold (professeur de zoologie et d'anatomie comparée à Munich); W. = Le livre des poissons de Willughby.

Exemple :

S. 363. = DE SIEBOLD, *Süsswasserfische von Mitteleuropa*, page 363.

W. 10. 342. = *Willughbeii Historia piscium. Oxonii*, 1686, in-fol., pl. 10, page 342.

Cette dernière publication, mise en ordre par John Ray (*Raius*), reproduit de nombreux poissons d'après le manuscrit de Baldner à Londres. On s'aperçoit de suite, au fini des figures extraites de Baldner, qu'elles ont été copiées d'après des peintures très soignées, ou de véritables miniatures. Malheureusement le manque de coloration ne vient pas toujours, comme dans l'original, suppléer au dessin parfois peu correct.

Nous avons encore consulté l'ouvrage de M. ÉMILE BLANCHARD (*Les Poissons des eaux douces de la France*. Paris, 1866, in-8°, 656 p.), auquel le professeur Lereboullet envoya de Strasbourg d'utiles renseignements concernant les poissons alsaciens.

Notre étude des poissons de Baldner se termine par le Catalogue des poissons observés en Alsace jusqu'à nos jours.

Il serait à désirer que la Société de pisciculture de Strasbourg ajoutât à son programme la révision de ce Catalogue, l'établissement d'une statistique plus détaillée de nos richesses ichthyologiques, et l'étude approfondie des espèces encore douteuses ou rares. D'un autre côté, l'établissement gouvernemental de pisciculture de Huningue rendrait de signalés services à la science en élevant les divers croisements de nos espèces communes, afin de fixer une fois pour toutes l'identité de formes telles que l'*Abramidopsis Leuckartii*, H., le *Bliccopsis abramorutilus*, H., l'*Alburnus dolabratus*, Hol., etc.

### 1. Ein Stör.

*Accipenser Sturio*, L. L'Esturgeon commun. *Gemeiner Stör.* — S. 363. — St. 86. — B. M. 37. 1. — C. 141. 1.

L'esturgeon est un vrai poisson de mer, qui nous vient des Pays-Bas. En vingt ans pourtant on n'en prit que trois, dont le dernier, capturé en 1624, avait 9 pieds de long et fut exhibé au poële des pêcheurs. (Baldner sous-entend que nos esturgeons proviennent tous du Rhin).

Le 2 janvier 1654, on reprit un esturgeon dans la banlieue de Meisenheim. Il fut montré, de seconde main, au poële des pêcheurs, à un pfennig par tête. Sa chair fut débitée à un batz la livre. Il pesait 130 livres.

Le 3 mai 1655, on prit un esturgeon au ban d'Altenheim. Il avait six pieds de long.

Le 6 mai 1657, un autre fut capturé près de Stattmatten. Il avait 8 ¹/₂ pieds de longueur.

Le 14 mai 1663, un esturgeon se fit prendre dans le Rhin à Eschau. Il avait huit pieds et deux pouces.

Le 14 mai 1669, on prit un esturgeon dans le Rhin, à Freystett, long de 7 pieds.

Le 19 juillet de la même année, on en prit un autre dans le Rhin, près de Helmlingen, long de neuf pieds.

Le 24 juillet de la même année, un nouvel esturgeon se fit prendre dans le Rhin, près d'Auenheim. Il avait six pieds et demi. Tous trois furent exhibés à Strasbourg.

Le 22 mai 1673, on prit dans l'Aar (*am Ilahr*) un esturgeon long de 7 ¹/₂ pieds.

De là jusqu'en 1684, 7 esturgeons furent pêchés dans le Rhin.

En 1685, on captura 6 esturgeons jusqu'au 1er juillet. Le plus grand avait neuf pieds de long.

En 1687, un esturgeon, long de neuf pieds, se fit prendre en juin à Meisenheim (*Meissnen*).

Les mâles ont la tête plus courte et plus grosse que les femelles. Celles-ci ont des œufs noirs. L'esturgeon a de longues entrailles, aussi longues que lui-même. On trouve toujours une petite pierre dans son estomac. Sa chair est coriace et grossière.

Nous avons vu nous-même deux esturgeons pris dans le Rhin, de 1860 à 1880. Mais celui qu'on débita à Strasbourg, dans la halle couverte, il y a une dizaine d'années à peu près, provenait de l'Elbe, bien qu'on le fit passer pour rhénan.

M. Franz Leuthner, dans son ouvrage sur les poissons du Rhin moyen, et surtout des environs de Bâle (1), fournit quelques dates relatives à des esturgeons pris à Bâle, et ayant conséquemment passé par Strasbourg : 8 juin 1586; 21 juillet 1625; 21 juillet 1680; 1810; 27 juillet 1814; 1815; 1854.

## 2. **Ein Scheid**.

*Silurus Glanis*, L.  Le Silure.  *Waller, Wels.* — S. 79. — St. 75. — B. M. 39. 3. — C. 143. 2.

C'est un poisson de mer. Celui représenté fut pris dans l'Ill à Hipsenheim. Il avait alors un pied de long. Un pêcheur de Strasbourg l'acheta et le conserva dans un vivier. Il y vécut pendant 52 ans, de 1569 à 1620, et mourut par une eau très chaude. Sa taille avait atteint cinq pieds. Deux fois pendant la foire on l'avait exhibé au poële des pêcheurs. Je nourris moi-même un silure pendant dix ans, au moyen de pain. Personne ne voulut acheter de sa chair, quand je la fis dépecer au marché aux poissons. Elle était comme celle des lottes, dont ce poisson partage d'ailleurs la nourriture.

De tout temps, les marchands de poissons strasbourgeois tinrent à honneur de conserver dans leurs viviers des silures et des carpes de très grande taille et d'un âge vénérable. Le siège de Strasbourg en 1870 coûta la vie à des silures et à des carpes énormes, véritables pièces de famille qu'on se léguait et qu'on montrait avec orgueil aux étrangers. Pendant le bombardement, une famille dépeça et mangea sa grosse carpe en côtelettes ! Aujourd'hui ces mêmes marchands possèdent de nouveau de grands poissons qu'ils se proposent d'entretenir par tradition de père en fils.

(1) FRANZ LEUTHNER, *Die Mittelrheinische Fischfauna mit besonderer Berücksichtigung des Rheins bei Basel.* — Bâle, 1877, gr. in-8°, 59 pag.

(Le Rhin moyen est l'espace compris entre les chutes de Schaffhouse et de Bingen. Au-dessus, c'est le Rhin supérieur, et au-dessous, jusqu'à la mer, le Rhin inférieur des zoologistes).

L'un des gros silures qui périrent en 1870 avait été pris tout petit à Strasbourg, dans l'Ill, par le grand-père du batelier actuel Jacques Stauffert. Il fut acheté quinze sous par le marchand de poissons Dürr, dont la famille le conserva, et il atteignit finalement un poids de plus de trente kilos. Nos pêcheurs appellent ce poisson : *Ungrischer Ruffolke*.

### 3. Ein Salmen.

*Trutta Salar*, L. Le Saumon commun. *Salmen* ou *Lachs*. — S. 292. — St. 84. — B. M. 38. 2. — C. 145. 3. — W. p. 189 (*Salmulus Baltneri*), pl. N. 4. 3., et pl. N. 2. 2.

Le saumon est un poisson de maître (*Herrenfisch*). Il devient de plus en plus délicat de mars à juin, époque où il est le meilleur et où on en prend le plus.

En 1647, on débita en un même jour 143 saumons au marché de Strasbourg. Le *zeihl* (la tranche, *zoll?*) valait 6, et même 4 pfennigs. (Un *hauf salmen*, autre ancienne mesure strasbourgeoise, était la neuvième partie du saumon).

Chez nous, les plus gros saumons atteignent un poids d'un demi-quintal.

Le saumon commence à monter en février. Il redescend en août. De fin août à fin février on l'appelle *Lachs* (flasque), car il est alors bien mal en chair. La fécondation a lieu vers la Sainte-Catherine, dans les eaux claires et courantes. Les saumons font de grands trous dans le gravier pour y déposer le frai. Ils sont défendus chez nous en novembre et décembre, afin de ne pas entraver leur reproduction. Les œufs n'éclosent qu'en mai. Pendant le frai, ce poisson a de belles couleurs (*schöne Blumen*) et un crochet à la mâchoire inférieure. Les saumons sont souvent si ardents à la copulation qu'ils s'endommagent et qu'ils en meurent parfois. On en prend beaucoup pendant le frai.

Leur nourriture consiste en mucosités (*Schleim*). Chez un saumon, dépecé le 20 avril, je rencontrai deux poissons dans l'estomac.

Le saumon, l'ombre-chevalier, le corégone, la truite, et la truite saumonnée ont, en arrière de la nageoire dorsale, une autre petite nageoire qu'on ne trouve pas chez le restant des poissons, et qui prouve que ce sont de fines espèces.

Le 9 décembre 1669, alors que pourtant les saumons sont en frai, on en prit un qui n'avait pas frayé, et on le vendit au marché aux poissons. Sa chair était aussi ferme et bonne qu'au mois de mai.

#### 4. Ein Hecht.

*Esox lucius*, L. Le Brochet. *Hecht.* — S. 325. — St. 83. — B. M. 40. 4. — C. 147. 4.

Le brigand des eaux, où il fait de grands ravages parmi les poissons. On l'appelle *Heuerling* (*Hierli* en strasbourgeois moderne) la première année, qui est aussi celle où il grandit le plus vite, et où il est le meilleur. Les plus gros brochets atteignent chez nous un poids de plus de vingt livres. J'en vidai un pesant 8 $\frac{1}{2}$ livres, qui avait avalé un barbeau de 3 livres. Le frai de ce brochet se composait de 148,800 œufs, plus environ deux cents non comptés. La morsure du brochet guérit difficilement. Ce poisson fraye dans les herbes des eaux tranquilles au mois de mars et d'avril. La pêche est interdite chez nous pendant ces mois pour ne pas entraver la reproduction (1). Il est d'ailleurs alors le plus mauvais, et on ne mange pas du tout ses œufs. Un gros brochet a un pénis long d'un doigt. Il n'y a pas plus d'une sorte de brochet.

#### 5. Ein Karpen.

*Cyprinus Carpio*, L. La Carpe commune. *Karpf.* — S. 84. — St. 82. — B. M. 41. 5. — C. 149. 5. — W. pl. Q. 1. 2.

La carpe est un poisson délicieux (*lustig*) ; cependant l'une est meilleure que l'autre. Celles du Rhin et de l'Ill sont toujours

(1) Autrefois la pêche des jeunes brochets était même prohibée jusqu'au 15 août (à Schlestadt, par exemple). D'ordinaire la pêche était fermée, à Strasbourg, du 25 mars au 24 juin. On trouve les mêmes prescriptions en vigueur, avec de légères variantes, depuis 1301, 1412, 1425, 1434, 1449, etc., jusqu'à la Révolution française. Il était aussi défendu de pêcher avec des filets à mailles trop étroites.

préférées aux autres. Le tout dépend du lieu où on les prend. Là où elles ne trouvent pas beaucoup de nourriture, elles restent maigres. Les carpes à miroir sont les meilleures. Il y en a aussi qui n'ont ni frai, ni laitance. On les appelle fainéantes (*Müssiggænger*) et on les prise par-dessus toutes. Ce qu'il y a de mieux dans la carpe, c'est la gueule, ce qu'on appelle la langue de carpe. Le frai a lieu en mai ou juin. C'est alors qu'elles sont les moins bonnes. En avril elles sont les meilleures. Chez nous les carpes atteignent le poids de vingt et quelques livres. On les apprête de différentes manières. Elles naissent d'œufs, et non pas de vase (*Koth*) comme le prétend le Docteur Gessner. Leur nourriture est variable ; elles ne touchent pas au poisson, à moins qu'il ne soit mort.

Baldner ne signale pas spécialement le Carassin (*Carassius vulgaris*, Nils.), aujourd'hui bien connu à Strasbourg sous le nom de *Corætschel* ou *Borætschel*. Personnellement nous avons rencontré ce poisson dans les mares presque desséchées et absolument comblées de feuilles mortes de la forêt de Vendenheim, près de Strasbourg, vivant en nombre dans une sorte de bouillie épaisse, où la circulation devait lui être à peu près impossible. Malgré cela, ce carassin était plein de vie, quoique rabougri d'un pareil séjour. Hermann prétend que ce poisson fut introduit en Lorraine par le roi Stanislas. N'aurait-il pas existé dans nos eaux du temps de Baldner ? Le fait ne nous paraît pas probable, mais il est fort curieux que notre auteur ne signale pas ce cyprin. On ne trouve pas le Carassin à Bâle.

## 6. **Ein Barben**.

*Barbus fluviatilis*, Agass. Le Barbeau commun. *Barbe.* — S. 109. — St. 81. — B. M. 42. 6. — C. 151. 6.

Poisson commun chez nous, et que j'ai pris en quantité. Celui de l'Ill est meilleur que celui du Rhin. Il y a beaucoup de monde qui dédaigne les gros barbeaux ou même n'en mange pas, car on leur attribue une maladie. C'est là une erreur. Les juifs préfèrent les barbeaux aux autres poissons, et pourtant ils ne touchent à rien d'impur ou de malsain, et à plus forte raison en mangent-ils. Ce qui rend parfois le barbeau si rouge c'est la grande chaleur de l'été, ou les vers (*Aeglen*, sangsues) qui les sucent. En hiver cela n'a pas lieu. Le barbeau fraye sur le gravier, dans les eaux vives, en juin. Ses œufs ne sont pas comestibles, car ils évacuent par le haut et par le bas. Ce poisson est le meilleur en août. Il se tient de préférence dans les eaux profondes où il peut bien se cacher. Il n'y en a qu'une espèce. Les plus gros atteignent huit livres. Le barbeau cherche sa nourriture de nuit, et ne sort pas volontiers de ses trous le jour. Sa chair est délicieuse. Ce qu'il y a de meilleur en lui, c'est la joue et la bouche. Les barbeaux se réunissent volontiers. C'est ainsi que le 2 décembre 1663 on prit, dans un verveux, 150 barbeaux, dont les plus gros pesaient une livre et les plus petits une demi-livre.

### 7. **Ein Waldforell**.

*Trutta Fario*, L. La Truite ordinaire. *Forelle.* — S. 319. — St. 95. — B. M. 44. 8. — C. 155. 8. — W. p. 201., pl. N. 4. (*Trutta fluviatilis Baltneri*).

La truite est le poisson de maître le plus réputé, aussi la paye-t-on chez nous plus cher que le saumon. La raison en est que celui-ci fraye et se fait prendre chez nous, tandis que la truite ne se trouve que dans les ruisseaux de montagne. Le frai a lieu en novembre, sur le gravier, dans les eaux vives. La truite y fait des creux dans lesquels elle pond, et met tant d'ardeur à cette besogne qu'elle se blesse parfois. Les œufs sont gros à la manière de ceux du saumon. En novembre sa chair est la plus mauvaise ; elle est exquise en juin et juillet, la truite n'étant pas dans le cas des autres poissons, qui sont les plus fins quand ils sont pleins de frai. Celui-ci ne vaut rien, car la truite se nourrit de poisson. J'en ai élevé dans des réservoirs, qui atteignirent cinq ou six livres ; aucun autre poisson ne grandit aussi vite en captivité, surtout quand il est abondamment nourri. Il n'y en a qu'une espèce.

Nous connaissons un cas où une grosse truite happa une couleuvre traversant à la nage un ruisseau, et périt faute de pouvoir avaler plus du tiers de sa victime.

### 8. Ein weisse Forell.

*Trutta Trutta*, L. La Truite saumonnée. *Lachs- oder Meer-Forelle.* — S. 314. — St. 98. — B. M. 43. 7. — C. 153. 7.

On l'appelle truite blanche à cause de sa couleur. C'est une espèce intermédiaire entre la truite ordinaire et le saumon. Elle atteint la taille de deux pieds et demi. Il n'y en a pas autant que des autres truites. Sa chair peut se comparer à celle du saumon; elle est également rouge. Le frai se dépose en novembre sur le gravier des eaux vives. C'est alors que ce poisson est le moins bon. Il est le meilleur en juin.

M. Leuthner signale la truite des lacs (*Trutta lacustris*, L.), accidentelle dans le Rhin à Bâle. On pourra donc aussi la rencontrer plus bas, en Alsace, avec le *Salmo Salvelinus*, L., observé par Nau dans le Rhin moyen.

### 9. Ein Elbel.

*Coregonus?* — S. 250. et 251. — St. 96 (pas de rostre). — B. M. 61. 29 (pas de rostre). — W. pl. N. 4 (*Albula et Baltner*). — C. 159. 10.

Ce poisson devra fort probablement se scinder plus tard en deux espèces, le *Coregonus macrophthalmus* (*Nässlin* ou *Gangfisch*) du lac de Constance, et l'*Albuli* (*Elbel*) du lac de Zurich, un type encore à étudier. D'après une obligeante communication de M. Gustave Schneider, naturaliste à Bâle, les deux formes se rencontrent régulièrement, quoique rarement, dans le Rhin aux environs de Bâle. Aussi, admettrons-nous provisoirement que ce sont elles que Baldner signale du Rhin strasbourgeois. En tous cas, les corégones bâlois sont des poissons venant des lacs suisses par les fleuves qui s'en déversent. Baldner aurait donc trouvé le nom exact en disant qu'on appelle l'espèce *Elbel* à Berne. Ajoutons qu'en 1880, à l'exposition de pêche de Berlin, M. Schneider déterminait encore les corégones rhénans *Core-*

*gonus fera*, nom devenu aujourd'hui insuffisant, et à changer, grâce aux progrès faits par la science.

Nous ne pouvons partager l'opinion, d'ailleurs émise avec doute, du D$^r$ de Siebold, d'après laquelle l'Elbel de Baldner serait le *Coregonus oxyrhynchus*, L. Les figures du manuscrit n'offrent pas le rostre aigu qui a donné son nom à l'espèce, et Baldner, si bon observateur, n'aurait certainement pas manqué de mentionner une particularité aussi caractéristique. Jusqu'au vu d'un Corégone rhénan pris à Strasbourg, nous admettrons donc que le type de Baldner est aussi celui que M. Schneider se procure régulièrement à Bâle.

Le *Coregonus oxyrhynchus*, ou le *Schnœpel* des Allemands, habite surtout l'embouchure des fleuves, sans remonter beaucoup ces derniers. On a signalé pourtant sa capture dans le Rhin à Cologne, et il se pourrait que lui aussi s'égarât parfois jusqu'à Strasbourg.

Voici la traduction complète de la notice que Baldner consacre à son Elbel :

Ces poissons ne se prennent que fort rarement chez nous, aussi sont-ils presque inconnus et ne sait-on pas combien ils sont bons. Je les estime à l'égal du saumon, car ils sont on ne peut plus délicats. Ils ont une belle chair blanche, peu d'arêtes et pas de dents. Leurs entrailles ressemblent à ce qu'on appelle un *Salmenkrœsel*. Ils frayent en décembre dans les eaux vives, sur le gravier. C'est à cette époque qu'ils sont le moins recommandables, mais ils redeviennent vite bons. Leur chair est la meilleure en mai et juin. Le D$^r$ Gessner dit qu'on les appelle Miling à Zurich, Elbel à Berne et Buchfisch ou Weybelfisch à Lindau. Partout on vante leur chair.

En 1672, on prit dans le Rhin de ces poissons pesant une livre et demie. J'en mangeai. Ils ont la tête du hareng, et aussi sa bouche quand on l'ouvre. (Cette dernière note est une de ces additions que Baldner faisait sur son propre exemplaire aujourd'hui détruit, mais que nous conserve la copie de Hermann).

Le dernier Corégone strasbourgeois dont nous ayons connaissance est celui que le D$^r$ Reisseisen envoya à Valenciennes, et dans lequel ce naturaliste crut reconnaître le Lavaret du lac du Bourget. (CUVIER et VALENCIENNES, *Histoire naturelle des poissons*, Tom. XX, pag. 458).

M. Schmutz, pêcheur de profession, nous affirme qu'on prend dans le Rhin, en compagnie des nases, des exemplaires isolés d'un poisson ressemblant beaucoup à ces dernières, et qu'on appelle *Elmel*. Il s'agit évidemment là de l'*Elbel* de Baldner. D'après M. Schmutz, ce poisson serait toujours rare et on ne le capturerait pas chaque année. Quoiqu'il en soit, la persistance du nom, très légèrement altéré au bout de deux siècles, prouve que l'espèce fait des apparitions si régulières dans nos régions que les pêcheurs du Rhin la connaissent parfaitement.

### 10. **Ein Aeschen**.

*Thymallus vulgaris*, Nils. L'Ombre commune (on l'appelle aussi Ombre-Chevalier à Strasbourg). *Asch, Aesche.* — S. 267.— St. 102. — B. M. 62. 30. — C. 157. 9.

Les ombres-chevaliers sont des poissons sains et délicieux. On les place au premier rang des poissons à écailles. Elles se tiennent dans les eaux claires et vives. Les plus grosses atteignent chez nous jusqu'à un pied de long. Le frai a lieu en mars dans les eaux courantes, sur le gravier. C'est alors qu'elles sont les moins bonnes. Elles redeviennent vite meilleures et sont les plus délicates en juin, époque où on les trouve les plus grasses, ainsi qu'en février, quand elles portent leur frai. Ce poisson a un petit estomac, peu d'entrailles et pas de dents. Sa nourriture consiste en larves de friganes (*Zwerch*), petits vers, insectes, etc. On en emploie la graisse dans les pharmacies.

### 11. **Ein Bresem**.

*Abramis Brama*, L. La Brème commune. *Brachsen, Bley.* — S. 121. — St. 91. — B. M. 46. 10. — C. 162. 12. — W. pl. O. 10. 4. (*Breame*).

Poisson sain, excellent bouilli ou frit. Fraye en mai dans l'eau tranquille et les herbes. A cette époque les brèmes ont des taches sur la tête et sont les plus mauvaises. Leur chair est la meilleure au commencement de février. Les plus grosses arrivent à 4 1/2 livres. Il n'y en a qu'une espèce, mais à couleurs variables, selon les eaux d'où on les tire. Ce poisson a huit dents et une bien grande vessie. Il habite dans les eaux calmes (*Altwasser*) profondes, mais on en prend la majeure partie dans le Rhin. On l'appelle *Bresem* parce qu'il est si large (*breit*).

### 12. **Ein Meyfisch** oder **Eltze.**

*Alosa vulgaris*, Cuv. L'Alose commune. *Maifisch*. — S. 328. — St. 90. — B. M. 45. 9. — C. 160. 11.

Les aloses arrivent en avril, en remontant constamment le courant, et frayent vers la fin de mai. Elles ont une manière spéciale de frayer. Se réunissant en troupes à la surface de l'eau, au point que leurs nageoires dorsales en émergent, elles occasionnent un bouillonnement pareil à celui que ferait dans l'eau un troupeau de cochons (*sic*). Elles sont si ardentes à la reproduction qu'elles en deviennent très maigres et meurent souvent d'épuisement. J'en ai parfois pris des quantités, le plus souvent de nuit. Elles meurent vite, une fois prises. Ce poisson reste jusqu'en juin, mais il n'y en a pas chaque année. C'est en avril qu'il est le meilleur, quand il porte tout son frai. Les plus gros arrivent à 4 livres. Les aloses ont un goût spécial désagréable, aussi faut-il, au préalable, les faire bouillir pour les aromatiser ensuite. J'en ai eu de petites, de la grosseur des nases, qui avaient jusqu'à dix petits poissons dans l'estomac.

Ces dernières seraient-elles l'*Alosa Finta*, Cuv., qui est plus petite, mais qui a les mêmes habitudes et paraît aussi dans le Rhin ? — Nous avons encore vu en juillet de petites aloses au marché aux poissons de Strasbourg.

### 13. **Ein Persing** oder **Bersing.**

*Perca fluviatilis*, L. La Perche de rivière. *Flussbarsch, Barsch. Bérschi*, en idiome strasbourgeois. — S. 44. — St. 88. — B. M. 60. 28. — C. 164. 13. — W. pl. 8. 13 ; p. 291.

Poisson sain, très estimé. Il se nourrit de poissons. Le frai a lieu en mars ou avril, selon que le temps est froid ou chaud, dans les eaux calmes et dormantes, les herbes ou les roseaux. La perche devient assez grande. J'en ai pris une de 4 $\frac{1}{2}$ livres. Bien qu'elle soit bien pourvue d'épines les brochets et les oiseaux la mangent souvent. Ce poisson se tient de préférence dans les eaux calmes, où il y a beaucoup de petits poissons, qui forment le fonds de sa nourriture. Après le frai il est bien mauvais ; sa chair est la meilleure en juillet. La perche a en arrière de sa nageoire dorsale une autre petite nageoire, qui la classe également ment parmi les cinq poissons les plus fins, ainsi qu'il est dit à l'article saumon.

### 14. **Ein Forn** oder **Furn**.

*Squalius Cephalus*, L. Le Meunier ou Chevaine. *Aitel, Dickkopf. Furne*, en idiome strasbourgeois. — S. 200. — St. 92.— B. M. 47. 11. — C. 166. 14. — W. pl. Q. 10. — Le *Cyprinus leuciscus* de Hermann, et le *Cyprinus Jeses* de Bloch. De Siebold place à tort ce dernier poisson avec son *Idus melanotus*.

On le range parmi les poissons à écailles. Bouillie ou frite, sa chair est excellente. Le meunier affectionne les eaux profondes, où se trouvent beaucoup de trous et de bois. Il nage le plus souvent à la surface, à la recherche de sa nourriture, qui consiste en vers, insectes, mouches, grenouilles, souris, etc. Les plus gros atteignent 4 livres. Le frai a lieu en mai, dans les eaux courantes, aux endroits très profonds, mais aussi sur le gravier, là où l'eau est basse. C'est alors qu'ils sont les plus mauvais, mais ils redeviennent vite bons ; en mars ils sont les plus estimés. On les prend au filet et à la ligne.

### 15. **Ein Nass** oder **Naass**.

*Chondrostoma Nasus*, L. La Nase. *Nase*. — S. 225. — St. 94. — B. M. 48. 12 (mauvaise figure). — C. 168. 15. — W. pl. Q. 10. 6 ; p. 254 (*Nasus*).

Poisson à écailles très commun et qu'on prend beaucoup chez nous pendant toute l'année, à l'époque du frai et même sous la glace. Ce sont les paysans surtout qui les achètent. Le frai a lieu en avril, dans les eaux vives, sur le gravier, entre les grosses pierres. Les nases nettoient la place comme si elle avait été récurée au balai. Il s'en réunit parfois tant qu'un pêcheur peut les prendre par deux et trois mille en une seule nuit. Ce poisson fraye peu de jour. Les mâles en rut ont des taches blanches sur la tête et deviennent tout rugueux. Leur chair est la meilleure en juin; elle est bonne depuis la tête jusqu'à la nageoire dorsale; plus loin elle ne renferme que des arêtes. Ce poisson a aussi des dents. Sa plus grande longueur est d'une aune, et son poids maximum de 2 $\frac{1}{2}$ livres.

Hermann, dans ses *Observations zoologiques*, p. 326, décrit bien la pêche hivernale des nases près de Bâle. Son frère rapporte, dans ses *Notices historiques sur Strasbourg*, qu'en 1588 on prit 88.000 nases dans nos eaux.

Les juifs achètent surtout ce poisson de nos jours. Ils payent volontiers plus cher celui qui provient de l'Ill au lieu du Rhin.

La nase a fortement renchéri dans ces derniers temps. Au lieu de 0f05 et 0f10 centimes on la paye souvent 0f50 centimes, et sa pêche est devenue fort lucrative. Une nase à la vinaigrette (*a sûûri Naass*) reste le régal du dimanche de bien des ouvriers.

### 16. Ein Rothaug.

*Scardinius erytrophthalmus*, L. La Rousse ou Rotengle. *Rothfeder, Rothauge.* — S. 180. — St. 93. — B. M. 59. 27. — C. 170. 16. — W. pl. Q. 10. 5. (*Rutilus*).

C'est une espèce particulière, belle de couleur, mais n'atteignant pas la taille des gardons. Ses yeux sont rouges. Ce poisson se tient dans l'eau tranquille. Il fraye en mai dans les herbes et entre les racines des eaux dormantes. C'est alors qu'il vaut le moins. Il est le meilleur au commencement d'avril. Les plus gros ont la longueur de la main et pèsent une livre.

### 17. Ein Rottel.

*Leuciscus rutilus*, L. Le Gardon. *Röthel, Plötze.* — S. 184 et non 176 (*Idus melanotus*, Heck). St. 87. — B. M. 57. 25. — C. 172. 17. — W. pl. Q. 3, p. 252. (*Rutilus latior, Rotele Leonhardi Baldneri*).

Le gardon tire son nom allemand de ses nageoires rouges. C'est un des meilleurs poissons à écailles. Il est bon toute l'année, excepté en avril, mois où il fraye et maigrit. Il redevient bon en mai, et s'améliore progressivement jusqu'en février et mars, époque où il est le plus estimé. Ce poisson fraye volontiers entre les racines des saules ou dans l'herbe que l'on appelle *Winterlock,* mais il faut que l'eau y ait du courant. Les pêcheurs déposent eux-mêmes cette herbe aux bons endroits, et les rousses viennent y frayer en quantités telles qu'en un seul coup de filet on peut en prendre un demi-baquet, surtout par une nuit obscure.

Les mâles en rut deviennent rudes au toucher et ont des taches blanches sur la tête. Ce poisson est sain et aimé de tout le monde. Les plus gros atteignent 2 livres. En avril ils finissent de frayer. Ils restent alors sans frai jusqu'en juillet, époque où le frai reparaît pour se redévelopper durant neuf mois.

### Ein goldtgelbe Rottel.

Variété dorée de l'espèce ci-dessus ou plutôt de la précédente. — St. 87 (au verso). — C. 231. 49. — Leuthner, *Mittelrheinische Fischfauna,* p. 31.

Ce poisson fut pris en 1668 dans l'Ill. C'est une espèce de rousse. Il garda sa belle couleur jaune après avoir été bouilli, et eut une chair excellente.

### 18. Ein Nerfling.

*Chondrostoma Genei,* Bp. — S. 230. — St. 97. — B. M. 49. 13. — C. 174. 18. (*Ein vermischte Art, zwischen der Rottel und Nasen*).

Voici tout ce qu'en dit Baldner : On trouve parfois chez nous un poisson intermédiaire (*vermischte Art*) entre une rousse et une nase de demi-grandeur. J'en pris plusieurs le 20 novembre 1663. Sa bouche peut se comparer à celle de la nase, et ses écailles à celles des rousses. Les nageoires et la queue sont rougeâtres. Ce poisson n'est pas aussi large qu'une rousse. Il a la longueur d'un bon empan. Sa viande est bien meilleure que celle de la nase ; elle n'a pas autant d'arêtes. Je suppose que le frai a lieu en avril.

De Siebold ne partage pas notre manière de voir, et déclare ce poisson indéterminable. Il ne le croit d'ailleurs pas rhénan, et pourtant, en 1880, M. G. Schneider, naturaliste à Bâle, l'exposa à Berlin parmi ses poissons du Rhin, sous le nom de *Chondrostoma Rysela*, Agass., désignation que, d'après une communication récente, ce naturaliste change aujourd'hui en *Chondrostoma Genei*, Bp.

### 19. Ein Rufolk.

*Lota vulgaris*, Cuv. La Lotte. *Rutte* ou *Quappe*. *Roffolke* en idiome strasbourgeois. — S. 73. — St. 73. — B. M. 56. 24. — C. 178. 20. — W. pl. II. 3. 4. (*Mustela fluviatilis Baltn.*).

Ce poisson est fort estimé, mais il faut bien le vider avant de l'apprêter, car souvent il renferme des sangsues et des poissonnets, qui forment sa nourriture. Ce qu'il y a de mieux en lui c'est le foie, dont on fait d'ailleurs parade à table. Il fraye en décembre par le temps le plus froid, dans les eaux vives, sur le gravier. Ses œufs sont les plus petits de tous. Une lotte de moyenne taille en renferme 128,000 environ. Ce poisson se tient dans les eaux profondes et le bois où il peut se cacher. Il n'y en a qu'une espèce, dont la couleur varie selon les eaux où on la prend. Les plus grosses atteignent une longueur de deux pieds.

### Ein weisse Rufolk.

Variété pâle de la lotte. — C. 179. 21.

En 1663, on prit une lotte entièrement blanche, avec quelques taches noires ou de couleur safran.

On pourra peut-être un jour rencontrer chez nous le Flet, *Platessa flesus*, L. (*Flunder*) qui remonte aussi les fleuves.

Il fut pris dans la Moselle, dans le Mein et dans le Rhin (à Mayence).

### 20. Ein Schleichen.

*Tinca vulgaris*, Cuv. La Tanche commune. *Schleihe*. *Schleje* en idiome strasbourgeois. — S. 106. — St. 89. — B. M. 55. 23. — C. 176. 19. — W. p. 251, pl. Q. 5. 2.

Poisson bien connu, qui se rencontre dans presque tous les cours d'eau et étangs, mais généralement aux endroits tranquilles, vaseux et pourvus de roseaux. Il se tient constamment au fond, sur la vase. Il faut cuire la tanche plus longtemps que les autres poissons, car elle a une chair plus dure, qui n'est pas aussi malsaine qu'on le prétend, mais qui, au contraire, a un goût fort agréable quand elle est bien épicée et cuite. Ce poisson ne naît pas de la vase, comme on l'a écrit, mais de ses propres œufs. Le frai a lieu en juin dans les roseaux des eaux calmes. C'est alors que sa chair est la moins bonne ; elle est la plus agréable en mai, quand l'espèce est pleine de frai. On prend la tanche au moyen de vers et de pain grillé qu'on place dans les verveux. Quand un de ces poissons pénètre en temps de frai dans un verveux, tous ceux du voisinage y pénètrent également. C'est ainsi que j'en pris souvent vingt et trente dans un même filet. Pendant le frai, les mâles ont une nageoire incourbée. Les plus grosses pièces atteignent trois livres. Je ne m'arrêterai pas aux vertus médicinales attribuées à ce poisson. Je suppose que son nom de *Schleyg* vient de ce qu'il est muqueux (*schleimig*).

### 21. Ein Ahl.

*Anguilla vulgaris*, L. L'Anguille commune. *Aal. Ohl*, en idiome strasbourgeois. — S. 342. — St. 85. — B. M. 51. 15. — C. 181. 22.

L'anguille est un fort bon poisson, qui est le meilleur en avril et mai. Beaucoup de personnes n'en mangent pas, sous prétexte qu'elle s'accouple avec les serpents. Le fait est bien invraisemblable, attendu que l'anguille se cache volontiers et n'apparaît pas de jour, ou n'apparaît que quand les eaux sont troubles. Elle se met en quête de nourriture la nuit, et dévore les meilleurs poissons, tels que loches, etc., ainsi que les petites écrevisses et les vers. L'anguille ne vient nullement à terre, comme on se plaît à le répéter. Elle ne peut donc se trouver dans les champs pour y manger les petits pois. Je ne parle pourtant que des anguilles de chez nous, et je n'affirme qu'une chose, c'est qu'elles n'ont rien de commun avec les serpents. Voici comment

se multiplient les anguilles : Vers la fin de mai, les jeunes
naissent vivants de la mère, au nombre d'une trentaine. Ils ne
proviennent pas d'œufs. Les serpents, par contre, pondent des
œufs, de grandeur égale et de la grosseur du doigt, déposés sur
terre et dans un nid. Les anguilles craignent fort le tonnerre et
les éclairs. Quand on les prend elles cherchent à s'échapper par
tous les moyens. Elles atteignent chez nous une longueur de 3
pieds et demi. Il y en a aussi qu'on appelle *Arschœhl* (anguilles
anales) *dieweil sie mit dem Arsch oder Schweif zuerst über sich
steigen*. Je ne veux pas être trop subtil, mais affirmer simplement que fin mai ou au commencement de juin les jeunes anguilles quittent les vieilles par l'ouverture anale (*Weydloch*).

### 22. Ein Lampreth.

*Petromyzon marinus*, L. La Lamproie marine. *Seelamprete.* —
S. 368. — St. 76. — B. M. 50. 14. (très jolie figure). — C. 183. 23.

Ce poisson ne se prend pas en toute saison, mais en mars,
alors qu'il remonte les fleuves. C'est alors que, plein de frai, il
est le meilleur. Sa chair dure, verdâtre, sans arêtes, a besoin
d'être très cuite. Le frai a lieu en avril dans les eaux courantes
sur les fonds de gravier. Les lamproies y font des creux qu'elles
entourent de pierres apportées au moyen de la bouche, et qui
pèsent jusqu'à deux livres. Elles frayent dans ces fosses, et on les
y prend avec difficulté, car elles laissent glisser l'épervier sur
elles en s'accrochant aux pierres par la bouche. Aux endroits où
l'eau n'est pas profonde on peut les voir accrochées dans leurs
creux.

La dernière capture de ce poisson du Rhin, très rare dans l'Ill,
et n'y arrivant fort probablement qu'accidentellement par le bras
du fleuve appelé Rhin-Tortu, eut lieu à Strasbourg le 12 juillet
1887. Il fut pris flottant malade à vau-l'eau, près de la grande
écluse des Ponts-Couverts. L'exemplaire pesait un kilogramme,
et sa longueur était de 90 centimètres.

### 23. Ein Perel oder Prick.

*Petromyzon fluviatilis*, L. La Lamproie de rivière. *Fluss-*

*Neunauge. Behrel* en strasbourgeois moderne. — S. 372. —
St. 77. — B. M. 52. 16. — C. 185. 24.

Ce poisson s'appelle *Perel* chez nous, et *Brücke* dans les Pays-
Bas. On en prend beaucoup en février et mars, à l'époque où ils
remontent les cours d'eau. Ils sont alors les meilleurs. Cette
lamproie affectionne les eaux vives, et fraye en avril aux endroits
où il y a un fort courant. Elle fait des creux dans le gravier et
s'y suspend par la bouche, souvent au nombre de six ou dix, et
même de vingt individus. Sa chair est la plus mauvaise vers la
fin d'avril. A d'autres époques, elle est excellente, bouillie ou
marinée. Ces poissons ne vivent qu'en suçant. Ils n'ont d'autre
intestin qu'un seul boyau allant directement de la bouche à
l'ouverture anale. Leur cœur est petit, et le foie de couleur isa-
belle. Après le frai on n'en prend plus que peu. Elles redes-
cendent alors les cours d'eau, et quelques-unes s'enfouissent
dans les bois ou les herbes des eaux profondes. Les plus grands
sujets atteignent la longueur d'une aune et la grosseur du pouce.
Cette espèce est intermédiaire entre la précédente et la suivante.

### 24. **Dreyerlei sehender Neunhocken** oder **Neunaugen**.

*Petromyzon Planeri*, Bl. Le Sucet. *Kleines Neunauge.*
*Ninaïel* en idiome strasbourgeois. — S. 375 (av. fig., p. 381).—
St. 79. — B. M. 52. 17 (*Ein gelber Neunhocken*); 53. 18 (*Ein
sehender N.*); 53. 19 (*Ein zweischweiffige N.*); 53. 20 (*Ein
blinder N.*). — C. 187. 25. — W. p. 107, et pl. G. 3 (*Lampetra
caeca Baltneri*).

Le nom de cette espèce lui vient de ses sept ouvertures,
comptées avec ses deux yeux pour neuf yeux (*Neun Augen*).
L'époque du frai est en mars et avril. Ces poissons sont alors
suspendus en grandes sociétés aux pierres dans les eaux rapides.
C'est là qu'ils font leurs creux dans lesquels la paire s'accole
ventre à ventre, pour assouvir ses besoins sexuels, chose que je
n'ai observée chez aucun autre poisson, et qu'il est facile de
constater, car l'espèce fraye dans les eaux peu profondes. Après
le frai les sucets ne valent plus grand chose; de janvier au

commencement de mars ils sont les meilleurs. Une fois la reproduction accomplie, ils se cachent de nouveau dans la vase, le sable ou les herbes, car il leur faut bien peu de nourriture. On en voit ou prend très peu d'avril à décembre.

### Ein blinder Neunhocken.

Le Lamprillon. (Larve du précédent). — Les lamprillons se rencontrent toute l'année en quantité. Aveugles et oculés ne forment qu'une seule espèce, car les jeunes sont aveugles au début, et se cachent de suite dans la vase au sortir de l'œuf. Les aveugles n'ont de frai que quand ils passent oculés. Ces derniers sont estimés, mais on n'achète pas volontiers les aveugles, qui ne servent qu'à amorcer les lignes destinées aux anguilles et aux autres poissons. Les oculés sont chers chez nous en février. Ils remontent les eaux les plus rapides. Les plus grands atteignent une longueur de main. On les prend de nuit dans des paniers (*nasses en osier; Körbe*). J'en ai eu qui avaient deux queues. Je remarquai de même qu'un de ces poissons portait en bouche une pierre de la grosseur d'une demi-noix. Cette espèce se suspend par la bouche aux pierres, et fait des creux en enlevant le gravier au moyen de coups de queue.

### 25. Ein Muer Grundel.

*Cobitis fossilis*, L. La Loche d'étang. *Bisgurre, Schlammbeisser.* — S. 335. — St. 78. — B. M. 54. 22. (*Ein Meergrundel*). — C. 189. 26.

L'espèce n'a pas d'écailles comme les autres poissons, et son nom vient de ce qu'il ressemble aux loches (*grundel*) et habite la vase (*muer*). Ce poisson affectionne les eaux tranquilles, marécageuses, et y vit dans la vase et l'herbe. On le dédaigne fort chez nous. Aucun pêcheur ne le ramasse, car personne ne l'achète, les autres bons poissons ne manquant pas chez nous. Ils ne sont pourtant pas à dédaigner. Le frai a lieu en mars dans les eaux les plus calmes et marécageuses. Ils sont les meilleurs en janvier et février. Les plus grands atteignent la longueur d'un empan. Ils n'ont ni vessie, ni entrailles, mais un simple estomac qui débouche directement à l'arrière. On peut les placer dans de grands bocaux où l'on met du sable rouge, et les conserver pendant une demi-année ou plus. Ils s'agitent alors et troublent l'eau quand le temps va changer. (De là le nom de *Wetterfisch* qu'on leur donne encore parfois aujourd'hui à Strasbourg. Nous en vîmes un ainsi conservé pendant quelques années. On le nourrissait de vers de terre, avec lesquels il jouait d'abord longuement avant de les avaler).

### 26. **Ein Schnottfisch.**

*Squalius Leuciscus*, L. La Vandoise commune. *Hasel, Hæsling.* *Schnædel* en idiome strasbourgeois; le type figuré par Bloch, pl. 97. — S. 203. — St. 100. — B. M. 58. 26. — C. 200. 33. — W. p. 261 (*Jugilis* ou *Cephalus fluviatilis minor*), pl. Q. 10. 2.

Encore un délicieux poisson à écailles. On en prend beaucoup toute l'année chez nous. Il fraye en février dans les eaux courantes, sur le gravier. Les mâles deviennent alors tout rugueux et mauvais de chair. Quand un pêcheur rencontre un endroit où ils frayent en nombre il peut en prendre parfois jusqu'à dix mille en une nuit. Ces poissons nettoient le fond aussi proprement que s'il était récuré au balai. Ils redeviennent vite bons après le frai, et en avril ils sont les meilleurs. Les plus gros atteignent une longueur d'un pied, et un poids d'une livre. Ils ont les dents près du gosier.

Le *Telestes Agassizii*, Heck (*Blageon, Strömer*), n'est pas rare dans le Rhin à Bâle. On pourra donc le rencontrer un jour chez nous.

### 27. **Ein Urban** oder **Urben**.

De Siebold affirme que c'est l'espèce précédente (N° 26). — St. 104. — B. M. 64. 32 (*Ein Urbe*). — C. 204. 35.

Ce poisson étranger se prend rarement chez nous. Il est de la grandeur d'un empan, bon à manger et plein de frai en juin. Je suppose qu'il fraye en juillet.

## 28. **Ein Meckel**.

*Blicca Björkna*, L. La petite Brème ou Bordelière. *Blicke,
Güster.* — S. 138. — St. 101. — B. M. 66. 34. — C. 202. 34. —
Willughby (p. 249) se demande si ce n'est pas le *Carassin*
(*Corassius = Meckel Baltneri*).

C'est une espèce de brème, mais qui n'atteint pas la taille de
cette dernière. Elle fraye en mai.

(Les pêcheurs de Strasbourg appellent aussi *Meckel* les brèmes
de petite taille, et *grosse Meckel* les grosses brèmes).

## 29. **Ein glatte Bampel**.

*Phoxinus lœvis*, Agass. Le Vairon commun. *Pfrille, Elritze.* —
S. 222. — St. 106 (ventre clair). — B. M. 65. 33. — C. 208. 37. —
W. p. 268 (*Phoxinus lœvis major*). — Le *Milling* de Baldner.
(Voy. N° 34).

Le 19 juin 1648 fut pris le poisson représenté. Il avait la
taille d'une grande ablette, mais il était sans écailles et tout lisse
et gros de dos (dodu). Je le vidai de suite ; il avait déjà du frai
nouveau, aussi estimai-je qu'il fraye en février, attendu que tous
les poissons restent trois mois sans frai après la ponte, et ont
ensuite du frai pendant neuf mois. Il fut trouvé bon, et du goût
de la vandoise. Le docteur Gessner dit que les Souabes l'appellent *Pfeill*, et les Suisses *Glatte Bampel*. (*Vielleicht darum
dieweil er im Fluss glatt gefangen wird*).

## 30. **Ein Lauck**.

*Alburnus lucidus*, Heck. L'Ablette commune. *Laube, Uckelei.
Lauch, Lorch*, en idiome strasbourgeois. — S. 154. — St. 110.
B. M. 67. 35 (*Laucken*). — C. 206. 36 (d°). — W. pl. Q. 10. 3
(*Leuciscus secundus*).

L'ablette est rangée au nombre des poissons à oignons (*Zwiebel-
fisch*, probablement à cause de la manière ordinaire d'accom-
moder, dans le temps, les tout petits poissons). Elle fraye en
juin dans les eaux courantes. A cette époque, elle est la moins
bonne, et les mâles deviennent tout rugueux. En avril et mai
les ablettes sont les meilleures et se vendent le plus cher. Leur

taille est celle d'un doigt. On les prend chez nous été comme hiver. Elles se nourrissent de mouches et de vermisseaux, et nagent souvent à la surface. C'est un poisson sain et bon.

D'après Hermann (*Observat. zoolog.*, p. 326), c'est en 1680 qu'on inventa à Paris l'ichthyocolle d'ablette. Strasbourg fournit longtemps les écailles d'ablette pour la fabrication des fausses perles. Aujourd'hui, ce sont les étangs de la Lorraine qui les livrent à la capitale.

### 31. **Ein Kutt** oder **Guttfisch.**

*Acerina cernua*, L. Goujon-perche ou Gremille. *Kaulbarsch, Schrott. Kättebᵉçhi*, en idiome strasbourgeois moderne. — S. 58. — St. 99. — B. M. 63. 31. — C. 210. 38. — W. 10. 142 (*Cernua fluviatilis*).

Poisson sain et bon, bouilli ou frit. On l'appelle peut-être *Guttfisch*, parce qu'il est un bon poisson (*gut Fisch*). Il ne dépasse pas la longueur du doigt. Le frai a lieu en mai ou juin, selon le degré de chaleur. C'est alors qu'ils sont les moins bons ; après le frai ils redeviennent progressivement meilleurs jusqu'en avril, où pleins de frai, ils sont les meilleurs. Ils se reproduisent dans les herbes et les roseaux, là où l'eau ne coule pas très vite. Quand on les prend ils ouvrent les ouies et redressent leurs nageoires aiguës. (Le nom signifie, en réalité, perche des trous (*Kutten*), et vient de ce que ce poisson affectionne les creux et les trous des eaux).

### 32. **Ein Kressen.**

*Gobio fluviatilis*, Cuv. Le Goujon de rivière. *Gressling, Gründling. Gressel*, en idiome strasbourgeois. — S. 112. — St. 103. — B. M. 69. 37. — C. 212. 39. — W. p. 264; pl. Q. 8. 4.

Excellent poisson pour la friture. Quand il est petit on le range parmi les *Zwibelfisch*, et on le vend avec ces derniers. Les plus gros atteignent la longueur d'un doigt. On le pêche toute l'année. En hiver j'en ai déjà pris jusqu'à douze setiers sous des fagots (*in einer Leben welches mit Reisswellen gemacht wird*). Parfois cependant on en trouve très peu sous ces fagots, mais beaucoup sous la glace. En été on se les procure au moyen de paniers, quand en mai et juin ils frayent dans les herbes des eaux courantes. C'est alors aussi qu'ils se réunissent en telles quantités que l'eau en bruit (*dass mans hœrt rauschen*). Ce poisson se tient toujours au fond. Il y a beaucoup de gens assez fous pour appeler le goujon un croque-mort, et qui prétendent qu'il se nourrit de noyés, vu qu'on l'a trouvé dans les vêtements de ces derniers. C'est une erreur. Il se peut qu'il s'abrite parfois dans les effets des noyés, mais il ne se nourrit pas de leur chair, attendu qu'il trouve toujours surabondamment sa nourriture, qui consiste en vermisseaux, crevettes d'eau douce, et autres innombrables bestioles aquatiques.

### 33. **Ein Koppen, Koben** oder **Kopfisch.**

*Cottus Gobis*, L. Le Chabot commun. *Koppen, Kaulkopf.* — S. 62. — St. 74. — B. M. 70. 38 (mauvaise figure). — C. 214. 40. — W. pl. II. 3 (*Gobio fluviatilis capitatus Baltn.*).

Le nom lui vient de sa grosse tête. Ce poisson est tout lisse, sans écailles et visqueux. Il reste dans les eaux courantes, et passe d'un endroit à l'autre par saccades. On estime sa chair, qui est la meilleure en février et mars. Le frai a lieu en avril dans les eaux vives, sur le gravier. C'est alors que les chabots sont les plus mauvais. Leurs œufs sont gros et recouverts d'une pellicule noire. Ils se nourrissent de vers, crevettes, larves de friganes, etc. Les plus gros atteignent la longueur d'un doigt. On en prend beaucoup en toute saison.

### 34. **Ein Milling.**

C'est le même que le N° 29 (*Phoxinus lœvis*, Agass). — St. 108 (ventre rouge. *Cyprinus Aphya*, de Bloch., pl. 97). — B. M. 71. 39. — C. 218. 42. — W. pl. Q. 8. 7.; (*Phoxinus vulgaris Baltn.*). Hermann l'appelle *Cyprinus Phoxinus* et dit qu'il est aussi connu à Strasbourg sous le nom de *Pfeel.*

Encore un des petits *Zwibelfisch*, attendu qu'il ne dépasse pas la longueur du doigt. On en prend beaucoup chez nous toute l'année. Les vairons frayent en avril dans les eaux courantes sur le gravier bien propre. C'est alors qu'ils sont beaux de couleur, mais le plus mauvais. Les mâles, en rût, ont des points blancs sur la tête. C'est en février et mars qu'ils sont les meilleurs, quand ils portent le frai, mais il faut bien les vider, attendu qu'ils ont un gros fiel qui les rend amers. Leur chair est aussi tendre que celle des loches ; de là peut-être leur nom de *Milling* ou *Mildling* (tendrillon).

### 35. **Ein Riemling.**

*Alburnus bipunctatus*, L. (*Leuciscus Baldneri*, Valenciennes). L'Ablette spirlin. *Alandblicke*. — S. 163. — St. 107. — B. M. 68. 36 (*Römling*). — C. 216. 41. — W. p. 267; pl. Q. 8 (*Phoxinus squamosus ; Bambele Baltn.*, d'après une note de Hermann).

Ces poissonnets s'appellent sans aucun doute *Riemling* parce qu'ils ont besoin d'être vantés (*riehmens bedarf*), étant avec la *Blicke* les plus mauvais *Zwibelfisch*. Les paysans les achètent généralement. Ils meurent vite après avoir été capturés, et frayent en mai dans les eaux vives. Ils se réunissent en bandes non au fond, mais à la surface de l'eau. Les plus grands ont la longueur d'un doigt.

### 36. **Ein Gantfischel.**

*Alburnus dolabratus*, Hol. L'Ablette argentée ou Hachette. *Silberling*. — St. 111, — C. 224. 45. — De Siebold ne l'a pas reconnue.

Baldner n'en dit que ce qui suit : Il y en a quelques-uns dans le Rhin, de la grandeur du vairon. Ils meurent vite, et sont blancs comme de l'argent. (Le manuscrit de Strasbourg offre la figure d'un poissonnet long de 8 centimètres, blanc, avec des nageoires rougeâtres).

### 37. **Ein Grundel.**

*Cobitis barbatula*, L. La Loche franche. *Bartgrundel, Schmerle*. — S. 337. — St. 109 (deux exemplaires, dont un

petit, rouge). — B. M. 71. 40. — C. 222. 44. — W. pl. Q. 8. 4.;
p. 265 (*Cobitis barbatula, Fundulus Baltn.*).

Parmi les petits poissons c'est le poisson de maître. Aussi le
vend-on cher et au moyen de mesures, comme le vin. Le prix
ordinaire d'une mesure est de dix schillings (1 $1/_2$ litre pour
2 fr. 50, valeur de l'époque, environ). Les pauvres gens n'en
goûtent pas souvent. Le frai a lieu en avril dans les eaux vives
et les longues herbes. C'est alors qu'ils sont les moins bons.
Comme ils ne frayent pas tous à la même époque on peut en
avoir de bons en toute saison, cependant ils valent le mieux en
mars. On les prend, été comme hiver, dans des paniers en jonc,
des filets, dits *gull bernen*, et autres. Cette espèce affectionne
les eaux courantes et se tient sur le fond (*Grund*); de là son
nom. Les plus gros atteignent la longueur d'un doigt. Ils sont
défendus aux juifs, mais permis aux chrétiens.

### Ein gelbe Grundel oder gehle Grundel.

Parfois, mais rarement, on prend des loches franches qui sont
d'une belle couleur jaune d'or.

### 38. Ein Steinbeisser oder Dorngrundel.

*Cobitis tænia*, L. La Loche de rivière. *Dorngrundel, Stein-
pitzer, Steinbeisser*. — S. 338. — St. 80. — B. M. 54. 21. —
C. 220. 43. — W. pl. Q. 8. 3; p. 265 (*Cobitis barbatula acu-
leata Baltn.*).

Cette espèce ne vaut pas la précédente. Elle n'est pas non
plus aussi arrondie, mais plus plate. On l'appelle encore *Dorngrundel* (loche à épines) parce qu'elle a aux ouïes des épines ou
pointes. Le nom de *Steinbeisser* (mord-pierres) lui vient de ce
qu'elle avale de petites pierres. Parfois on la vend avec la précédente. Elle fraye à la fin de juin. C'est alors qu'elle est la plus
mauvaise; en avril sa chair vaut le mieux. La reproduction a
lieu dans les eaux tranquilles et les herbes, endroits que l'espèce
habite d'ailleurs. Les plus grosses arrivent à une longueur d'un
doigt. Il n'y en a pas autant que des précédentes.

### 39. **Ein Blicken.**

*Rhodeus amarus*, H. La Bouvière. *Bitterling.* — S. 116. et
pl. 1. ♂ et ♀. en livrée de noces. — St. 105. — B. M. 72. 42.—
C. 226. 46. — *Schniderkœrpel* ou *Bleck*, en idiome strasbourgeois. — W. pl. Q. 8. 2: p. 263 (*Alburnus lacustris Baltn.*); et
pl. Q. 10. 7 (*Alburnus Ausonii*). la ♀ ? — *Cyprinus Aphya*,
Hermann, *Blicklein.*

C'est le plus petit des *Zwibelfisch*, mais c'en est aussi le plus
mauvais. On l'appelle encore *Schneider Kœrpflin* (carpe des
tailleurs), mais à tort, car les tailleurs n'y mordent pas ! Ses
couleurs sont toujours belles. Il y en a des quantités chez nous,
mais on les dédaigne. Ce poissonnet fraye en mars dans les
herbes des eaux tranquilles. En automne on le met à la ligne
pour prendre les lottes. Les plus gros n'atteignent pas la longueur du doigt.

### 40. **Ein Stichling.**

*Gasterosteus aculeatus*, L., var. *leiurus*, Cuv. L'Épinoche (à
queue lisse). *Stichling. Stachele, Stacheledibutz,* en idiome
strasbourgeois moderne. — S. 66. — St. 63. (au verso). — B. M.
72. 44. — C. 228. 47. — W. pl. 10. 14. 1 ; p. 342.

L'épinoche est le meilleur poisson — à défaut d'autre. Elle
fraye en avril dans les eaux tranquilles. Les pêcheurs la détestent,
car elle n'est bonne à rien, et ils la jettent sur le rivage. Il y a
tant d'épinoches parce que les autres poissons ne les mangent
pas, à cause de leurs épines. Les oiseaux aquatiques par contre
ne leur font pas grâce. Les plus grosses atteignent un doigt de
long. Ce poisson peut rester, sans eau, dans l'herbe humide,
par contre il se noie dans un baquet d'eau au bout de deux
heures (?). Il n'y en a qu'une espèce. Le nom lui vient de ses
épines (*Stachel*).

Il reste à découvrir dans nos régions l'Épinochette (*Gasterosteus pungitius*, L.). Ce très petit poisson de mer remonte parfois
les fleuves, et fut déjà pris dans le Rhin à Spire. Il est très
répandu en France.

### 41. Ein Frembdes Fischel.

Sans dessin ni description dans les manuscrits arrivés jusqu'à nous.

## LES ÉCREVISSES.

(Baldner les place parmi les poissons, et les énumère au milieu de ses poissons).

### 42. Ein Edelkrebs.

*Astacus fluviatilis*, Auct. — St. 112. (belle grande pièce); 113. *Ein geler Edelkrebs* (rouge); 113. *Ein Edelkrebs* (bleu. avec des articulations rouges ; 113 (au verso). *Ein weisser Edelkrebs* (pâle). — B. M. 74. 44 ; 75. 45 (*Ein blauer Edelkrebs*). — C. 191. 27 (*Ein Edelkrebs*); 193. 28 (*Weisser Edelkrebs*); 194. 29 (*gehler E.*); 195. 30 (*bloher E.*); 196. 31 (*schöner E.*).

Cette écrevisse vaut mieux que la suivante et s'en distingue facilement après la cuisson. La première a les pinces rouges en-dessous; l'autre blanches. Il y en a aussi qui sont bleues. Les écrevisses deviennent d'un si beau rouge parce que leur couleur est répandue partout dans leur carapace et ne se trouve pas localisée à une seule place. Elles ont deux larges dents, un petit estomac et un boyau droit, qui est tout ce qu'elles ont en fait d'intestins. Le mâle (*hahn*) a à l'intérieur, des deux côtés, deux fils blancs qui constituent la laitance (*milch*). Son appareil génital est double : ce sont les deux petites pointes situées près des pattes postérieures. La femelle a les parties sexuelles également en double : Ce sont deux très petits trous qu'on trouve au milieu entre les pattes, et qui se prolongent jusque sous la carapace ; là se développent les œufs, d'abord près de la tête, puis en arrière et enfin sous la queue. C'est sous la queue qu'elles conservent les œufs et les protègent jusqu'à ce qu'ils éclosent. L'écrevisse mue deux fois par an, avant la Saint-Jean et en août. C'est vers ces époques qu'elles ont les dépôts calcaires qu'on appelle *Krebsaugen*, et qui disparaissent quand la nouvelle carapace durcit. Les écrevisses se dévorent entre elles dès qu'il y en a de dures et de molles réunies. Leur chair est la meilleure en août, et la plus mauvaise en janvier et février. Elles ont la chance de voir repousser leurs pinces après les avoir perdues. Les jeunes naissent en mai, quand il fait chaud. Il y a aussi des écrevisses toutes blanches ou toutes jaunes, à moitié vertes et à moitié rouges, qui toutes font partie de cette espèce.

Une écrevisse toute rouge, vivante, fut vendue au marché de Strasbourg le 26 juillet 1652. L'aubergiste du *Cheval noir* la paya 8 pfennigs.

Les écrevisses de la presque totalité des cours d'eau d'Alsace commencèrent à disparaître en 1875 et leur disparition fut très rapide. Elle coïncida avec l'apparition, dans nos contrées, de l'*Elodea canadensis* (Wasserpest), sans que pourtant nous osions affirmer que la maladie des écrevisses ait été due à l'invasion de cette plante aquatique étrangère. Depuis dix ans Strasbourg ne mange plus que des écrevisses importées du nord de l'Allemagne. On cherche à repeupler les cours d'eau du pays de crustacées de la même provenance, mais jusqu'ici sans succès appréciable. C'est le *Distôme cirrhigère* qui est le parasite occasionnant la maladie des écrevisses. On en trouvera le dessin et une bonne étude dans *Le Naturaliste*, du 1er juillet 1887. Ce parasite est connu depuis 1827, mais ce n'est que depuis peu qu'il est devenu si redoutable.

### 43. Ein Dul- oder Steinkrebs.

*Astacus pallipes*, Lereb. — St. 114 (*Dul*), et 143 (*Ein Edelkrebs*, moitié rouge, moitié vert-foncé). — B. M. 73. 33. — C. 198. 32.

En réalité cette écrevisse, d'après Lereboullet, se divise en deux espèces distinctes : *Astacus longicornis*, Lereb. (*Steinkrebs*, nom encore usuel à Strasbourg), et *Astacus pallipes*, Lereb. (*Dul-*, ou en strasbourgeois moderne *Dohlekrebs*, écrevisse d'égout). L'*A. longicornis*, Lereb., se tient à Strasbourg sur les fonds caillouteux des eaux courantes de l'Ill et de la

Bruche ; l'*A. pallipes*, Lereb., préfère les fonds vaseux des canaux et les fossés des fortifications. On les confond encore aujourd'hui au marché de Strasbourg, mais Lereboullet dit qu'on n'y rencontre plus, pendant l'hiver, l'*A. pallipes* (1). D'après cet auteur aussi la variété bleue de l'écrevisse appartient à l'*A. fluviatilis*, la rouge à l'*A. pallipes*.

Ces écrevisses ne sont pas considérées à Strasbourg comme bonne marchandise (*werden nicht für Kauffmanns gut gehalten*), aussi les vend-on en un lieu spécial. Elles restent blanches en-dessous après la cuisson. Pour le reste, elles partagent les mœurs et les habitudes de l'espèce précédente, avec laquelle on les prend d'ailleurs.

Le 2 août 1663, on vendit à Strasbourg une écrevisse femelle prise à Erstein, qui, dans le sens de la longueur, était divisée exactement en deux parties, dont l'une de couleur rougeâtre, et l'autre vert foncé. Cuite elle devint mi-blanche, mi-rouge. (St. 113, au verso, appelée à tort *Edelkrebs*).

(1) LEREBOULLET. Description de deux nouvelles espèces d'écrevisses de nos rivières. Mémoires de la Société des sciences naturelles de Strasbourg, Tom. V, 1re livraison (1858). *Astacus longicornis*, mâle et femelle, pl. I ; *Astacus pallipes*, mâle et femelle, pl. II ; caractères différentiels de nos trois écrevisses, pl. III.

## Catalogue des Poissons observés en Alsace, et surtout aux environs de Strasbourg.

Nous renvoyons, pour les mœurs, aux excellentes indications de Baldner, et ne signalerons que quelques habitants et le degré de fréquence actuelle. Les espèces non mentionnées par Baldner portent un astérique *, et celles à découvrir en Alsace ne sont pas numérotées.

1. PERCA FLUVIATILIS, L. La Perche de rivière. *Fluss-Barsch.* — Commune dans les eaux de la plaine et les lacs des Vosges. La perche des Vosges, ou plutôt des lacs des Vosges (*Hurlin*, nom qui rappelle celui de *Hierli*, donné à Strasbourg aux jeunes brochets) n'est pas une espèce spéciale, mais une forme qui reste naine par suite de nourriture peu abondante. Les perches du lac Blanc sont les plus petites. Nous en avons pris beaucoup dans ce lac, sans que jamais elles aient dépassé une longueur de main. On se demande réellement quelle peut être la nourriture de ce poisson dans une eau sans végétation et sans faune apparente.

2. ACERINA CERNUA, L. Le Goujon-Perche. *Kaulbarsch.* — Pas rare et souvent en sociétés dans les bas-fonds ou trous. Nous l'avons une fois pêché en abondance dans l'étroit canal reliant la Bruche aux fossés des fortifications de Strasbourg.

3. COTTUS GOBIO, L. Le Chabot commun. *Koppen, Kaulkopf.* — Très répandu sur le fond pierreux des rivières.

4. GASTEROSTEUS ACULEATUS, L., var. LEIURUS, Cuv. L'Épinoche à queue lisse. *Stichling.* — Par petites sociétés dans les eaux tranquilles, et très répandue. Avant 1870 et l'interdiction de pénétrer dans les fortifications, les gamins de Strasbourg allaient régulièrement pêcher l'épinoche dans les fossés de la ville, hors les portes de l'Hôpital et de Saverne surtout.

* Gasterosteus pungitius, L. — A découvrir dans la province, où certainement l'espèce doit exister.

5. Lota vulgaris, C. La Lotte. *Rutte*. — De plus en plus clairsemée, et n'apparaissant pas en toute saison sur le marché de Strasbourg.

* Platessa Flesus, L. Le Flet. *Flunder*. — A découvrir en Alsace. L'espèce remonte le Rhin, où elle fut prise à Mayence. On la connaît également de la Moselle et du Mein, tributaires du Rhin.

6. Silurus Glanis, L. Le Silure. *Waller, Wels*. — Rare et accidentel. Nous le supposons échappé du lac de Constance, et dans le même cas que les corégones rhénans. Ce poisson fut quelquefois pris à Bâle et à Vieux-Brisach dans le Rhin. A Strasbourg nous le connaissons de l'Ill.

7. Cyprinus Carpio. L. La Carpe commune. *Karpf*. — Répandue dans les eaux profondes de la plaine, et pas rare dans la région rhénane surtout, où elle atteint un très fort poids.

8.*Carassius vulgaris, N. Le Carassin. *Karausche* ou *Seekarausche*. — Assez localisé, mais très répandu néanmoins aux environs de Strasbourg.

9.*Carassius Gibelio, Bloch. Le Gibèle. *Giebel* ou *Teichkarausche*. — M. Blanchard (pag. 340, fig. 69) sépare ce poisson du Carassin, et dit qu'en France il n'habite que quelques étangs en Lorraine et en Alsace.

10. Tinca vulgaris, C. La Tanche commune. *Schleihe*. — Dans toutes les eaux dormantes de la plaine ; commune.

11. Barbus fluviatilis, Ag. Le Barbeau commun. *Barbe*. — Dans toutes les rivières et commun.

12. Gobio fluviatilis, C. Le Goujon de rivière. *Gressling*. — Sur les fonds de gravier des rivières ; très commun.

13. Rhodeus amarus, Bl. La Bouvière. *Bitterling*. — Très commune par localités, dans les eaux tranquilles.

14. Abramis Brama, L. La Brème commune. *Brachsen*. — Espèce commune, très répandue dans la région rhénane.

15.*Abramidopsis Leuckartii, H. (La Brème de Buggenhagen,

de Bloch et de Blanchard). — Blanchard dit qu'on prend ce poisson, mais très rarement, dans la Moselle, la Meuse et le Rhin. Comme il se rencontre aussi dans le Mein, le Neckar, affluents du Rhin, il paraît certain qu'on devra le trouver dans nos régions. Il n'a pas encore été pris par les naturalistes de Bâle. Région du Rhin inférieur et moyen, d'après de Siebold. Rare.

16. BLICCA BJÖRKNA, L. La petite Brême ou Bordelière. *Blicke*, *Guster*. — Pas aussi abondante que la brême commune.

17.*BLICCOPSIS ABRAMO-RUTILUS, H. La Brême rosse (la Brême de Buggenhagen, de Sélys-Longchamps). — Rhin moyen jusqu'à Bâle, et surtout dans les eaux calmes avoisinant le fleuve. Rare.

18. ALBURNUS LUCIDUS, H. L'Ablette commune. *Laube*. — Très commune dans les rivières.

19. ALBURNUS BIPUNCTATUS, Bl. L'Ablette spirlin. *Alandblicke*. — Très commune dans les rivières.

20. ALBURNUS DOLABRATUS, Hol. L'Ablette hachette. *Silberling*. — Rare, dans le Rhin. On croit que c'est un métis de l'ablette commune et du meunier.

* IDUS MELANOTUS, H. — M. de Siebold dit à tort que c'est le *Rottel* de Baldner, et dans sa synonymie assimile à tort aussi l'espèce au *Cyprinus Jeses* de la pl. 6 de Bloch (*Oekonomische Naturgeschichte der Fische Deutschlands*). Ce dernier poisson est certainement le meunier (*Squalius Cephalus*, L.).

D'après Blanchard on trouverait l'espèce dans l'Ill. Nous supposons que c'est là une erreur découlant de celle que de Siebold commit à l'égard du poisson de Baldner. D'après Nau l'Ide melanote se trouverait dans le Mein et le Rhin. On ne la connaît pas encore de Bâle.

21. SCARDINIUS ERYTHROPHTHALMUS, L. La Rousse. *Rothauge*. — Très commune dans la région rhénane, et confondue par nos pêcheurs avec la suivante sous le nom de *Rottel*. Comme ce poisson est généralement très dodu on emploie son nom pour une expression familière en Alsace : *fett wie e Rottel* (bien nourri comme une rousse).

22. Leuciscus rutilus, L. Le Gardon. *Röthel.* — Très commun dans toutes les eaux de la plaine.

La var. *Selysii, Heckel,* remarquable par la belle couleur bleue des parties supérieures du corps, se trouve fréquemment dans l'Ill et le Rhin.

23. Squalius Cephalus, L. Le Meunier. *Aitel.* — Très commun dans les cours d'eau de la plaine.

24. Squalius Leuciscus, L. La Vandoise commune. *Hasel.* — Très commune.

25.*Telestes Agassizii, V. Le Blageon commun. *Strömer.* — Très répandu dans le Rhin et ses bras latéraux aux environs de Bâle, et probablement ailleurs.

26. Phoxinus Levis, Ag. Le Vairon commun. *Pfrille, Elritze.* — Espèce commune et remontant les cours d'eau bien plus haut que les autres poissons blancs, jusqu'aux régions des truites. Nous l'avons même trouvé prospérant parfaitement en sociétés dans le bassin de la fontaine publique de Heiligenstein.

27. Chondrostoma Nasus, L. La Nase. *Nase.* — Très commune dans les rivières. A l'époque du frai on la capture en abondance au carrelet tout le long du Rhin. Les pêcheurs assurent pourtant que l'espèce n'est plus aussi abondante que dans le temps.

28.*Chondrostoma Genei, Bon. La Nase de Gené. — Dans le Rhin aux environs de Bâle. En la signalant les naturalistes de cette ville lui donnèrent le nom de *Chondrostoma Rysela,* Agass. Rare. On la croit métis de la nase et du blageon.

29. Coregonus? Corégone des lacs suisses. *Bodenrencke* ou *Felchen.* — On prend assez régulièrement les corégones des lacs dans le Rhin à Bâle. Nous supposons que ceux pris à Strasbourg, d'après Baldner et Reisseissen, étaient de la même provenance.

 * Coregonus oxyrhynchus, L. Le Houting. *Schnœpel.* — Poisson de mer qui ne quitte guère l'embouchure des fleuves, mais qui, d'après Nau, a été pris dans le Rhin à Cologne. Blanchard en disant qu'on trouve quelquefois le

honting dans le Rhin près de Strasbourg paraît s'être inspiré de de Siebold, qui pourtant ne fait que supposer la
possibilité d'une pareille capture, sur laquelle on connaît
notre opinion. (Voy. Baldner, Poissons, N° 9.)

30. THYMALLUS VULGARIS, Nils. L'Ombre commune. *Aesche.* —
Dans les eaux claires et vives. Assez rare et n'apparaissant
pas régulièrement sur le marché de Strasbourg. Les exemplaires y proviennent d'ordinaire de la Kintzig, dans le
grand duché de Bade.

31. *SALMO SALVELINUS, L. L'Omble-Chevalier. *Saibling.* —
Nau observa ce poisson dans le Rhin moyen. On suppose
qu'il provenait d'un lac de la Suisse relié au Rhin.

32. TRUTTA SALAR, L. Le Saumon commun. *Salmen* ou *Lachs.*
— De passage régulier dans le Rhin et ses affluents, mais
de moins en moins fréquent, malgré les repeuplements de
la pisciculture.

33. *TRUTTA LACUSTRIS, Ag. La Truite des lacs. *Seeforelle.* —
Ce poisson des lacs alpins se trouve parfois dans le Rhin
aux environs de Bâle. En 1868, un pêcheur prit à la ligne
une très grosse truite dans le lac Blanc, et nous assura en
prendre de temps en temps. Serait-ce cette espèce ?

34. TRUTTA TRUTTA, L. La Truite saumonnée. *Lachsforelle.* —
De passage, mais se prenant rarement dans nos eaux.

35. TRUTTA FARIO, L. La Truite commune. *Bachforelle.* —
Dans toutes les eaux vives de la montagne, comme dans les
eaux claires et vives de la plaine, où pourtant l'espèce est
moins abondante. A Strasbourg on la prend parfois aux
remous des moulins, et elle habite déjà les eaux claires
sillonnant la forêt du Neuhof.

36. ESOX LUCIUS, L. Le Brochet. *Hecht.* — Commun dans toutes
les eaux de la plaine.

37. ALOSA VULGARIS, C. L'Alose commune. *Maifisch.* — De
passage régulier, mais n'apparaissant pas chaque année en
mêmes quantités. Parfois les pêcheurs de nases la prennent
au carrelet.

38.*Alosa Finta, C. L'Alose finte. *Finte.* — Dans le Rhin, d'après les auteurs. Espèce à étudier.

39. Cobitis fossilis, L. La Loche d'étang. *Schlammbeisser.* — Dans les eaux dormantes. Espèce dont la présence est peu apparente, mais qui est très répandue néanmoins. A Strasbourg, dans les anciens fossés des fortifications, d'où nous l'avons parfois eue sous le nom de *Wetterfisch.*

40. Cobitis barbatula, L. La Loche franche. *Bartgrundel.* — Très répandue. On n'en fait plus cas à Strasbourg, comme du temps de Baldner.

41. Cobitis tænia, L. La Loche de rivière. *Dorngrundel.* Très répandue.

42. Anguilla vulgaris, Fl. L'Anguille commune. *Aal.* — Dans tous les cours d'eau, et commune.

43 Accipenser Sturio, L. L'Esturgeon commun. *Gemeiner Stör.* — De passage plutôt accidentel que régulier dans le Rhin.

44. Petromyzon marinus, L. La Lamproie marine. *Seclamprete.* — Dans le Rhin, et parfois dans l'Ill où elle doit pénétrer par les bras du Rhin. Rare.

45. Petromyzon fluviatilis, L. La Lamproie de rivière. *Fluss-Neunauge.* — Plus répandue que la précédente.

46. Petromyzon Planeri, Bl. Le Sucet. *Kleines Neunauge.* — Espèce très répandue et commune. Nous l'avons trouvée jusque dans les eaux courantes et basses de la montagne, dans la région des truites.

---

L'établissement de pisciculture de Huningue qui dépend de l'administration, et la Société de pisciculture alsacienne s'occupent de régénérer nos eaux très appauvries en poissons. Réussiront-ils à leur rendre l'ancienne abondance de saumons, de truites, d'écrevises, etc. ? Et réussiront-ils à introduire, d'une façon durable, dans nos rivières de bonnes espèces nouvelles ? Voici en résumé ce que constate le rapport pour 1886 de la Société alsacienne de pisciculture ayant son siège à Strasbourg :

Cette Société, fondée en octobre 1881, compte aujourd'hui 574 membres. Pendant les cinq années de son existence, elle a fait déposer, dans différents cours d'eau de la Basse- et de la Haute-Alsace, 4772 carpes de deux et de trois ans et 3940 carpes d'un an, 4914 tanches, 420 anguilles d'un et de deux ans, 59,000 alevins d'anguilles, 58,000 ombres-chevaliers, 58,000 truites et 500 brochets et perches. Jusqu'à la fin de 1885 il a été envoyé à la Société 475 têtes de grosses loutres et 7 de petites, et il a été payé en primes pour l'extermination de ces animaux la somme de 5258 m. En outre, il a été remis à la Société 422 têtes de vieux hérons et 8 de jeunes, pour lesquelles elle a payé 856 m. Il a été tué 297 martins-pêcheurs, qui ont causé une dépense de 369 m., et 116 sarcelles, pour lesquelles il a été payé 58 m. En somme il a été payé en primes pour l'extermination d'animaux nuisibles à la pêche, jusqu'à la fin de l'année 1885, la somme de 6541 m. La Société a dépensé jusqu'à la fin de l'exercice 1885, pour procès-verbaux dressés contre les auteurs de délits de pêche, la somme de 4725 m. Le ministère d'Alsace-Lorraine a accordé à la Société, pour l'année 1886, une subvention de 2500 m. De son côté, le Conseil général de la Basse-Alsace lui a alloué un secours de 400 m. La présidence de la Basse-Alsace s'est chargée, de même que les années précédentes, du payement des primes pour l'extermination des animaux nuisibles à la pêche pendant la période du 1er juin au 31 décembre 1886.

Les recettes totales de la Société, pendant l'année 1886, se sont montées à 6260 m. 10 pf. Les 574 membres de la Société se répartissent comme suit sur les différentes sections : Strasbourg 190, Mulhouse 209, Colmar 40, Guebwiller 22, Schlestadt 69, Saverne 12 et Rothau 32.

## TROISIÈME PARTIE.

# LE LIVRE DES QUADRUPÉDES, INSECTES, MOUCHES et VERS,
## renfermant cinquante-deux espèces.

Tel est le titre que l'auteur donne à la dernière partie de son ouvrage. Nous arrivons à 60 numéros en signalant les noms variés des divers manuscrits. Ces derniers ne sont, en effet, pas homogènes, pour les insectes et les vers du moins. C'est ainsi que l'exemplaire du *British Museum* paraît être plus riche que les autres, qui n'ont pas, par exemple, les trois derniers numéros de cette partie.

Disons tout de suite que les coquillages, insectes et vers ne sont pas traités avec le même soin que Baldner mit aux poissons et aux oiseaux. Réduire à 52 types les 2000 espèces modernes de mollusques, d'insectes et d'autres bestioles aquatiques de nos régions prouve suffisamment que l'auteur traite très superficiellement sa troisième partie. On nous croira donc facilement quand nous avancerons que presque toutes les rubriques peuvent s'appliquer à plusieurs, et souvent à de très nombreuses espèces voisines. La troisième partie est aussi la partie faible de l'histoire naturelle de Baldner.

Nous avons fait de notre mieux pour donner le nom de l'espèce que l'auteur a réellement en vue; mais trop fréquemment il nous a été impossible d'élucider la question d'une façon satisfaisante, aussi avons-nous alors préféré nous abstenir de détermination, surtout chez les névroptères aux nombreuses espèces très voisines.

Le manuscrit à figures de Strasbourg n'offre pas les insectes. Celui de Cassel ne nous a pas été remis en communication, seule manière dont nous aurions pu identifier les insectes avec fruit et à fond. Enfin, chez celui de Londres, nous n'avons pas étudié les névroptères, dans la croyance que M. Mac-Lacklan, à Londres, le spécialiste bien connu, aurait l'obligeance de nous donner leurs noms, ce qui malheureusement, et malgré nos demandes réitérées, n'a pas eu lieu. De là, impossibilité de traiter, nous aussi, le sujet d'une façon satisfaisante.

L'impression réclama notre manuscrit au mois de juillet 1887. Nous nous vîmes donc forcé de le livrer tel quel, tout en regrettant de ne plus pouvoir faire de nouvelles démarches, ni même le voyage projeté de Cassel, en un mot, ce qui serait nécessaire pour élucider entièrement le peu de points encore obscurs. Nous donnons, par contre, la traduction à peu près complète du texte. On y remarquera des observations fort remarquables pour qui les faisait et l'époque où on en faisait. Du temps de Baldner l'entomologie n'était en réalité pas née, aussi l'auteur n'a-t-il pu puiser sa science dans les livres, ce qui donne beaucoup de mérite à ses observations relatives aux insectes. Peut-être, d'ailleurs, est-ce déjà fort scientifique pour un simple bourgeois de 1666 d'avoir osé séparer en 52 espèces ou groupes la légion des bêtes aquatiques autres que poissons et oiseaux ?

### 1. Ein Biber.

*Castor fiber*, L. Le Castor. *Bieber*. — St. 63. — B. M. 76. 1. — C. 238. 1.

Le castor habite près de l'eau et fait son nid le long des berges en accumulant beaucoup de brindilles (*Reüss*) et de bois aux endroits où n'arrive que peu de monde, et où il y a des branches et des arbres dans l'eau. Il s'arrange de façon à avoir pour sa demeure deux ouvertures lui permettant, l'une de gagner l'eau, et l'autre la terre. Quand l'animal soupçonne un danger, il se met rapidement à l'eau, afin d'y être plus en sûreté. Il ne mange pas de poissons, mais ne vit que d'écorces d'arbres, bouleaux (*Beylen*) ou saules. Ses pattes antérieures ressemblent à celles du chien ; les postérieures à celles de l'oie, elles servent donc simultanément à la marche et à la nage. Les castors ont la queue écailleuse (*schupecht*), longue de trois largeurs de main (*zwerchhandt*) et large de deux. Assis sur le sol ils se tiennent redressés sur les pattes postérieures et font leur toilette à la manière des singes. Ils ont quatre dents incisives bien tranchantes et qui se rejoignent intimement (*gehen hart aufeinander*). Grâce à elles ils peuvent couper un arbre ou de grosses branches. Les autres dents, au nombre de seize et doubles, sont curieusement conformées (*schön schnerkecht*) en haut. On ne distingue pas les sexes. Tous ont le castoreum (*Bibergeylen*) situé près de l'ouverture anale. Ce corps se trouve dans la peau, à l'instar d'un petit os recouvert d'une peau ; il fait saillie de la longueur d'un doigt. La viande du castor est bonne ; la queue est le meilleur morceau. J'ai eu en main de ces animaux pesant un demi-quintal. Les femelles qui portent ont leurs quatre mamelles tout près des pattes antérieures. Le castor a un grand foie et de grands poumons, deux gros reins et une courte langue.

Le dernier castor des environs de Strasbourg fut pris à la Robertsau, sur le bras d'eau dit *Mühlgraben*, dans les premières années du XIX⁰ siècle.

## 2. **Ein Otter.**

*Lutra vulgaris*, L. La Loutre. *Fischotter*. — St. 65. — B. M. 77. 2. — C. 240. 2.

Encore une bête bien aquatique, qui ne se nourrit que de poissons ou de grenouilles. La loutre place ses terriers dans les berges ; ils ont deux ouvertures dans l'eau, et une petite prise d'air. De jour, cet animal reste dans son nid. La nuit il pêche jusqu'à ce qu'il soit repu. Les loutres prennent-elles un poisson qu'elles ne veulent ou ne peuvent plus dévorer, elles se contentent de lui enlever le fiel (*die gallen*) et abandonnent le reste, ainsi que je l'ai souvent observé, même sur des anguilles. Parfois elles s'envoient réciproquement des sifflements, et nagent en ne laissant émerger que le haut de la tête. Dès qu'elles aperçoivent l'homme, elles plongent. De nuit elles ont leurs endroits particuliers pour fienter, opération qu'elles accomplissent si fréquemment qu'on peut facilement entendre leurs pets. De là la locution usuelle chez nous : Fienter ou péter comme une loutre. Elles placent d'ordinaire leur nid dans les roseaux, aux lieux où l'homme n'arrive pas facilement, et n'ont pas plus de deux ou trois petits. J'ai eu de ces petits. Pour les élever toutes jeunes, il faut les soigner patiemment en leur donnant du bon laitage. Elles deviennent alors apprivoisées au point d'aller chercher elles-mêmes leur nourriture dans l'eau et de revenir à la maison.

### 3. Ein Wasser Ratt.

*Arvicola amphibius*, L. Le Rat d'eau. *Wasserratte.* — St. 67. — B. M. 78. 3 (très jolie figure). — C. 242. 3.

Cet animal se tient près de l'eau et y cherche sa nourriture, qui est variable. Il sait plonger et courir loin sous l'eau d'une façon étonnante. Ses dents sont comme les deux incisives des castors, et également jaunes. Les deux dents supérieures forment juste un rond de la grandeur d'un pfennig strasbourgeois.

### 4. Ein Wassermauss.

*Crossopus fodiens*, Pall. La Musaraigne. *Wasserspitzmaus.* — St. 68. — B. M. 79. 4. — C. 244. 4.

On rencontre cet animal au bord de l'eau, à la recherche de sa nourriture. Il peut plonger assez loin, et courir sous l'eau. Son pelage est d'un noir brillant sur le dos, et blanc sur le ventre. Ses pieds sont élargis (*breitlecht*) pour la nage.

### 5. Ein Wasserheydex oder Rell.

*Triton cristatus*, Laur. Salamandre aquatique.—Baldner confond nos salamandres d'eau en une seule espèce, et représente le Triton crêté. — St. 71. — B. M. 87. 35. -- C. 246. 5.

Cet animal fraye en avril dans l'eau et fait aussi ses petits sur terre. Les mâles se parent, de la tête à la queue, d'une peau dorsale dentelée qui dans l'eau se redresse comme un dos de perche. J'en conservai jusqu'à huit semaines dans un bocal, sans qu'ils prissent de nourriture. En hiver, les salamandres se cachent dans la terre et parfois dans le vieux bois. En été, on les trouve dans les mares ou sur le gazon. Elles crient de nuit, mais à de certaines époques. C'est un animal empoisonné, qui affectionne les lieux obscurs et aussi les puits. Elles ne peuvent supporter le soleil. J'en exposai deux à ses rayons dans un bocal et elles moururent en quelques minutes. Leurs œufs sont oblongs, de la grosseur d'une demi-lentille et blancs. Elles n'en pondent guère plus de huit, qui éclosent en mai. Celui qui ne connait pas les petits peut à la rigueur les prendre pour de petites lottes. Ils ont cependant de suite les quatre pattes, mais bien petites, il est vrai.

### 6. Ein Laubfrœschel.

*Hyla viridis*, Desm. La Grenouille rainette. *Laubfrosch.* — St. 69. — B. M. 85. 31. — C. 248. 6.

La rainette est la plus petite espèce de la tribu. Elle est toute verte comme la verdure ; de là son nom de grenouille de verdure (*Laub-Frosch*). Ce petit animal sait grimper mieux que les autres grenouilles, et monte aux arbres et aux plantes. C'est là ce qui le rend vert, car quand on le place dans un bocal il perd sa couleur et passe au gris. De nuit les rainettes coassent (*machen ein Feldgeschrey*) avec les salamandres. Leur chant commence en avril et dure jusqu'en mai. Se fait-il entendre de jour, on peut être sûr que le temps va changer. Elles font moins de frai que les autres espèces. Toutes les grenouilles, les crapauds et les salamandres coassent le plus, de jour et de nuit, pendant qu'elles frayent, c'est-à-dire en avril et mai.

### 7. Ein griene Fresch.

*Rana esculenta*, L. La Grenouille verte ou commune. *Grüner Wasserfrosch.* — St. 69 (au verso). — B. M. 32. — C. 248. 6.

Cette grenouille fraye en avril, la dernière de toutes les grenouilles. Les petites sont les mâles, les grosses les femelles. Son frai est plus petit que celui de la grenouille grise ; il éclot au bout de trois semaines, et ne donne au commencement que des têtards (*Muhrkälblin*). Ceux-ci ont d'abord une queue pour la nage, puis deux pattes postérieures, et enfin seulement quatre pattes. Alors ils commencent à sautiller et à perdre la queue pour devenir des grenouilles véritables. Au bout de deux ans ces jeunes font de nouveau des petits. Nous ne pourrions pas facilement les exterminer, car une grenouille en procrée plus de cent à la fois. Leur nourriture ordinaire consiste en mouches, vers, et souvent en leurs semblables.

## 8. **Ein Geitz** oder **geele Garten-Frösch**.

*Rana temporaria*, L. (*agilis*, Thomas). La Grenouille rousse. *Brauner Grasfrosch.* — St. 74 (au verso). — B. M. 86. 34 (*Ein Gartten-Frosch oder Geitz*). — C. 250. 7.

Cette espèce fraye dans l'eau vers la fin de mars. Parfois il y a aussi des crapauds qui s'accouplent avec elle, c'est pourquoi son frai ne vaut rien. C'est le premier frai de l'année. En hiver cette grenouille se tient sous l'eau, cachée dans le bois ou les roseaux. Parfois j'en pris plus de deux setiers sous le bois que j'avais placé dans l'eau pour attirer les poissons. Elle mange les poissonnets et les fait fuir des lieux qu'elle hante en nombre. Nous l'appelons Geitz (avare) parce qu'elle est toujours maigre, ainsi que les avares qui n'ont jamais assez ou qui n'osent manger à leur faim. En été, cette grenouille se tient le plus souvent dans les prés et les jardins, à la recherche de mouches, vers et insectes.

## 9. **Ein grohe Frosch**.

*Rana fusca*, Rœsel. La Grenouille brune. *Brauner Wasserfrosch.* — St. 68 (au verso). — B. M. 86. 33 (avec une raie médiane jaune sur la tête et sur tout le dos). — C. 250. 7.

Cette grenouille fraye au commencement d'avril. Son frai sert en pharmacie, surtout pour les emplâtres.

### 10. **Ein grosse Krott**.

(Baldner ne sépare nos crapauds qu'en deux espèces).

*Bufo vulgaris*, Laur. Le Crapaud commun. *Gemeine Kröte.* — St. 70. — B. M. 88. 38. — C. 252. 8.

Le crapaud de la grande espèce fraye dans les eaux marécageuses ou les mares, dès le commencement d'avril. Son frai n'est pas aussi gros que celui des grenouilles, mais se compose de petits grains noirs. On n'en rencontre pas non plus d'agglomérations aussi volumineuses que celles de la grenouille. En hiver ce crapaud se tient sous terre, et y fait des galeries et des trous qu'on pourrait prendre pour des trous de souris. En hiver il cherche les vers sous le sol, et en été il se nourrit de mouches, vers et de tout ce qui grouille la nuit. Il n'arrive guère à l'eau que quand il veut frayer, et il y reste alors du commencement à la fin d'avril. C'est une abominable bête empoisonnée, qui pousse un faible coassement à l'époque du frai.

### 11. **Ein kleine Krott** oder **Mcruel**.

*Bombinator igneus*, Laur. Le Crapaud à ventre jaune. *Feuerkröte.* — St. 70 (au verso). — B. M. 88. 37. — C. 252. 8.

Encore un animal empoisonné. Ce crapaud n'atteint pas la grosseur du précédent. Il est de couleur orange en-dessous, sur le ventre, et se plaît dans les mares à purin (*Mistlachen*) où il écarte les quatre pattes. Son coassement est grossier et lent, comme un sifflement. En hiver il meurt ou disparaît dans la terre.

### 12. **Ein grosse Muschel-Schneck**.

Baldner ne sépare pas les moules, mais en représente deux espèces :

1. *Anodonta cygnea*, Drap. (la grande). La grande Moule d'étang. — St. 72 (au verso), longueur 18 centim. — C. 254. 9.

2. *Unio pictorum*, Philipps, etc. (la petite). Les Moules des peintres. — B. M. 84 (*Ein Muschelschneck*).

Voici tout ce qu'il en dit :

Les moules ordinaires (*gemeine Muschel-Schnecken*) atteignent un développement d'une main en longueur et en largeur. Les toutes grandes se rencontrent dans les fossés des fortifications ou les étangs. Celles des eaux courantes n'arrivent guère qu'à la taille d'un doigt. On ne se nourrit pas chez nous de ces coquillages. Ils deviennent la proie des poissons et des oiseaux.

### 13. **Ein Blutschneck.**

(Baldner réunit sous une espèce nos diverses planorbes).

*Planorbis corneus*, Draparnaud. Le Planorbe corné. *Horn-artige Tellerschnecke*. — St. 72. — B. M. 84. — C. 256. 10.

Large et pas très épaisse. Quand on l'écrase, elle lâche du sang. Les jeunes naissent en juin. Cette espèce suspend ses œufs aux herbes. Ils sont verts, durs, et ont de suite la coquille. Il y en a aussi chez nous :

### 14. **Ein Spitz Schneck.**

*Limnœa stagnalis*, Moq.-Tand. Le grand Buccin des étangs. *Grosses Spitzhorn*. — St. 72. — B. M. 84. — C. 256. 16.

### 15. **Ein Breit Schneck.**

*Limnœa auricularia*, Moq. Tand, etc. Le Buccin oreillard, etc. *Breites Ohrhorn*. — St. 72. — B. M. 84. — C. 256. 10.

### 16. **Ein Schmahle Schneck.**

(*Limnœa palustris*, L. ?)

Nous ne pouvons en juger, l'image ne se trouvant que dans le manuscrit de Cassel, qui n'a pas passé sous nos yeux, et la figure n'étant accompagnée d'aucun texte. — C. 256. 10.

L'auteur ajoute qu'il n'y a dans les eaux strasbourgeoises pas plus de 5 sortes de coquilles. Il ne dit rien de plus des N⁰ˢ 12 et 13, et rien du tout des N⁰ˢ 14, 15 et 16.

### 17. **Ein zweifuessig Kæferlin.**

*Corisa Geoffroyi*, Leach. — B. M. 80. 8. — C. 258. 11.

Ses jeunes naissent, au commencement de mai, d'œufs pondus dans l'eau, au nombre d'au moins cinquante agglomérés. Ces insectes ont des ailes pour voler, et sont très agiles dans l'eau. Sur terre ils écartent leurs deux grandes jambes, absolument comme s'ils n'en avaient pas plus.

### 18. **Ein Wasser Schrœter** oder **Kefer**.

*Hydrophilus piceus*, L. Le grand Hydrophile. — B. M. 80. 5. — C. 258. 11.

Cet insecte affectionne les eaux tranquilles, et a des ailes, sans pourtant que je l'aie vu voler. Il donne le jour à des petits vivants, au nombre de deux ou trois, en février, ainsi que je l'observai personnellement.

Annotation : Le 2 mai, j'eus en main de ces insectes qui volèrent.

### 19. **Ein rotes Wasserræupel**.

*Larve d'un petit coléoptère aquatique.* —La figure du B. M. 83 représente une larve rouge, rappelant l'aspect du ver de farine, avec de fortes mandibules. — C. 258. 11.

### 20. **Blutsauger** oder **Blutægel**.

*Hirudo medicinalis*, L. ou *nigrescens*, Moq. Tand. La grande Sangsue commune. — Voyez les numéros 45 à 48. — B. M. 87. 36. — C. 260. 12.

Les sangsues se trouvent dans presque toutes les mares ou eaux marécageuses. Elles ne se nourrissent qu'en suçant le sang des hommes, des chevaux, des poissons et des grenouilles, et viennent aussi sur terre à la recherche des vers. Je les ai vues moi-même gagner le rivage et sucer des vers de terre jusqu'à ce qu'elles les eurent tués. En été, quand le pêcheur dort de nuit sur un bateau placé dans les eaux où vivent ces animaux, ceux-ci montent au bateau et sucent le sang des pieds du dormeur. En nageant les sangsues ont toujours la partie mince et aiguë dirigée en avant.

### 21. Ein Rohrzwerch.

*Une larve inconnue.* — C. 260. 12.

### 22. 23. Ein klein roth undt ein schwartz Wasserspinnel.

*Hydrarachna cruenta,* Muller (rouge), et *geographica,* Muller (noire). — B. M. 83 (2 fig.) — C. 260. 12 (id.).

### 24. Ein Holtz Zwerch.

*Larve de frigane.* (*Zwerchel,* en idiome strasbourgeois). — B. M. 83. 26. — C. 260. 12.

Cet animal reçoit sa petite maison (son enveloppe) quand il est encore bien petit. Il suspend le frai aux herbes aquatiques vers la fin d'avril, et ce frai éclot à la fin de mai. L'enveloppe est d'abord adhérente à l'herbe, contre laquelle la tête reste fixée jusqu'en automne. Vers cette époque il coupe la tige qui le retient, et rampe sur le fond en emportant cette tige, et en la traînant jusqu'à la deuxième année. La bête ajoute alors à sa maison un petit morceau de bois afin de contribuer à sa solidité et sûreté.

### 25. Ein Wasser Raupp.

*Larve de Dytisque* et *larve de Libellule.* — B. M. 80. 6 (la grosse, *Dytisque*), 7. (l'autre, *Libellule*). — C. 260. 12.

Cette larve est verte ; elle a six pieds, et deux pinces arquées à la tête. A l'anus elle possède une épine, mais elle est sans ailes. On la trouve toujours dans l'eau, où elle devient la proie des oiseaux et des poissons. Ses deux pinces sont puissantes et peuvent blesser très fortement.

Il y en a aussi des grises et des noires.

### 26. Ein Wasser Wurm.

Larve de Diptère (*Eristalis, Rattenschwanzmade ?*). — B. M. 80. 9. (La figure représente une grosse larve cylindrique terminée par une sorte de soie allongée). — C. 260. 12.

Baldner n'en dit que ce qui suit : Vers ayant une carapace mince, à nombreux segments égaux (*mit einer dünnen Schalen undt mit vielen Gleichen*); à tête dure et petite ; sans pattes ; et restant toujours dans l'eau.

### 27. Ein gehler Pfaff.

*Libellula depressa*, L. (et *quadrimaculata*, L.). — B. M. 81. 11. (Les quatre libellules du B. M. sont sur une même page et toutes accompagnées de leurs larves.) — C. 262. 13. (Id.)

Cet insecte vit dans l'eau à l'état de larve et de chrysalide (*Hülse*) qui éclot vers la fin d'avril, époque où seulement il déploie ses ailes. Se nourrit d'éphémères et de toutes sortes de mouches aquatiques. Il y en a différentes variétés, mais c'est la plus grande des quatre sortes du genre. Ces insectes, en général, ne vivent pas plus longtemps qu'un été. Ils servent de nourriture aux oiseaux, et ne font pas de mal à l'homme. On voit les libellules voler dans les prairies près des eaux et des roseaux. Leurs petits naissent d'œufs pondus après l'éclosion des chrysalides. Ces œufs ne sont déposés que dans l'eau sur les herbes.

### 28. Ein bloher Pfaff.

*Calopteryx virgo*, L. (et *splendens*, Harr.). La Demoiselle bleue. — St. (*Ein mittelmæssiger P.*) — B. M. (*Ein grosser blauer P.*).

Les mâles sont d'ordinaire bleus, car j'observai que les bleus sont toujours accrochés aux verts. Vers l'hiver cette libellule rampe sous l'eau à l'état de larve (*in einer Hü'ss*), qui au printemps sort de l'eau par un chaud soleil, et quitte son enveloppe. Les petits naissent d'un frai suspendu dans l'eau aux herbes vers la fin de mai. Ce frai éclot en un mois. Les jeunes ont de suite leur enveloppe (*Hülss*), qu'ils quitteront au bout de deux ans pour se reproduire à leur tour. Les poissons les mangent à l'état de larve, et les oiseaux chassent les adultes.

### 29. Ein grosser grüner Pfaff.

*Anax formosus*, V. d. L.

En hiver elle rampe dans les eaux à l'état de larve ; en mai elle éclot à l'air quand le soleil est chaud. Il n'y a qu'une espèce de ce genre.

### 30. Ein blohes Pfæflin.

*Agrion puella*, L. (Baldner confond les diverses espèces d'Agrions, comme les libellules et surtout les friganes). — B. M. (*Ein kleines Pfæffel*). — St. (*die kleinen grün und blohen Pfæflin*).

En hiver elles sont dans l'eau à l'état de larves, qui éclosent en mai. Elles volent sur les prés et s'accouplent de suite. Les bleues sont les mâles ; les vertes les femelles. Quand elles volent on ne distingue pas facilement leurs ailes.

### 31. Ein grosse Meymuck.

Une frigane (*Phryganea striata*, L. ?). — B. M. 82. 14. — C. 264. 14.

Ces insectes aussi restent en hiver dans l'eau à l'état de larves. Vers fin mai ils quittent l'eau, se dessèchent à l'air, et éclosent au soleil. Il leur faut deux ans avant d'éclore.

### 32. Ein schwartze Meymuck der Mittelgattung.

(*Sialis fuliginosa*, P. ?). — B. M. 82. 15. — C. 264. 14.
Éclot et vit comme le précédent.

### 33. Ein klein Meymückel.

Indéterminé. — B. M. 82. 16. (*Ein weisse Meymückel*). — C. 264. 14. — Comme les deux précédents.

### 34. Ein grosse Erndtmuck.

À déterminer. (*Polymitarcys virgo*, Ol. ?). — B. M. 82. 21. — C. 264. 14. (*Ein Erndtmuck*).

Ces insectes restent à l'état de larve en hiver, et quittent l'eau en été, à la moisson, quand les nuits sont chaudes. Il y en a parfois des vols ressemblant à un brouillard épais. Ils servent de nourriture aux poissons, et ne vivent pas jusqu'au matin. Ce sont là les mouches que le peuple croit nées du blé emmagasiné (*meint es seye die Frucht auss eim Kasten geflogen*). Leurs vols ou migrations n'ont pas lieu tous les ans.

### 35. **Ein klein Erndtmückel.**

Indéterminé. — B. M. 82. 22. — C. 264. 14.

Une petite espèce, qui, comme la précédente, naît de nuit et a les mêmes mœurs. Il n'y en a pourtant pas autant.

### 36. **Ein groger Feuerstehler.**

Indéterminé. — B. M. 82. 18.

### 37. **Ein grosser Feuerstehler.**

Perlide à déterminer. — B. M. 82. 17. — C. 266. 15.

C'est une longue mouche d'eau, qui rampe en hiver à l'état de larve qu'on appelle : *ein kleines Knittzel*. Au printemps elle émerge si vite de la chrysalide que c'est à n'y pas croire. Ces insectes s'accrochent alors par masses au bas des bateaux, et y déposent de gros tas de frai, tout vert et visqueux, de la grosseur du poing. Ce frai éclot à la mi-mai. Un de ces insectes peut procréer plus de cent jeunes. Ils éclosent en avril, ensemble, par quantités. Il leur faut deux ans pour arriver à l'éclosion.

### 38. **Ein weisser Feuerstehler.**

Indéterminé. — B. M. 82. 19.

### 39. **Ein schwartzer Feuerstehler.**

Indéterminé. — B. M. 82. 20. — C. 266. 15.

### 40. **Ein Wasserkrill.**

*Nepa cinerea*, L. La Nèpe cendrée. — B. M. 80, sans numéro. (*Ein Wasserscorpion*). — C. 266. 15. (*Ein Wasser Grill*).

Cet insecte est long et aplati, d'un aspect singulier. Il a quatre pattes, en arrière deux longues soies comme queue, et en avant deux crochets. Finalement il devient capable de voler. Ses jeunes éclosent en mai.

### 41. Ein grosse Muck mit langen Füssen.

Une *Tipule* à déterminer. — B. M. 84. (Espèce de tipule et sa larve. *Ein Wassermuck*). — C. 266. 15.

Vit également dans l'eau à l'état de larve, et constitue le grand cousin qui ne pique pas. Ces insectes s'accrochent l'un à l'autre pour s'accoupler.

### 42. Die gemeine Muckh.

*Stomoxys calcitrans*, L. Le Stomoxe piquant. *Herbstfliege.—* B. M. 83 (figure rapelant fort la mouche domestique).

Les mouches aux bouches pointues, qui piquent si désagréablement quand le temps va se mettre à la pluie. Elles viennent toutes de l'eau. En juin on trouve les larves dans l'eau claire, près du bord, réunies, noires comme la poudre. Elles sautent comme les puces ; puis elles acquièrent des ailes et volent. — Baldner ne signale pas le cousin, *Schnacke (Culex pipiens,* L.), et la figure de Londres représente bien le *Stomoxys calcitrans*.

### 43. Ein Wasser Heuschreck.

*Tettix subulata*, L. — B. M. 83. (Le dessin représente, en réalité, une petite sauterelle terrestre). — C. 268. 16.

Ces sauterelles sautent sur les eaux à la recherche de leur nourriture. Il n'y en a pas beaucoup. Elles sont plus courtes que les terrestres, et grises.

Nous reconnaissons dans cette espèce la petite sauterelle des herbes aquatiques, qui, effrayée, saute communément sur l'eau, qu'elle se hâte pourtant d'abandonner au plus vite.

### 44. Dass Lebendig Rosshaar.

*Gordius aquaticus*, L. Le Dragonneau aquatique. *Fadenwurm, Wasserfaden.* — B. M. 84. — C. 268. 16.

Le crin de cheval vivant. Je ne saurais lui donner un autre nom. J'en ai pris des blancs et des noirs ; il y en a plus des noirs. Il est impossible de voir si cet animal a une tête et un anus ; on n'y voit ni pattes, ni ventre. Il sait se raccourcir en nœuds qui se défont d'eux-mêmes. Je n'en ai jamais trouvé que d'une seule et même taille. Le docteur Gessner l'appelle *Wasser Kalb* (veau d'eau).

### 45. Ein Wasser Spinn.

Une Hydromètre. (Baldner confond nos diverses espèces). — B. M. 84. — C. 268. 16.

Ce sont d'abord de petits insectes allongés. Les hydromètres se reproduisent en mai. Les jeunes ont l'aspect des parents, mais pas d'ailes comme eux. Elles montent les unes sur les autres pour s'accoupler.

### 46. Ein Steinægel.

Indéterminé. — Nous ignorons si cette sangsue du manuscrit de Cassel (268. 16.) est la même que les suivantes de l'exemplaire de Londres.

### 47. Ein Spitz Aegel.

Indéterminé. — B. M. 84. (Petite sangsue allongée, mince et verte).

### 48. Ein Wasseregel.

Indéterminé. — B. M. 83. (Sangsue très petite).

### 49. Ein Breit Aegel.

Indéterminé. — Le manuscrit de Londres (B. M. 84.) donne sous ce nom (Sangsue large) une espèce de larve à segments, longue de près de deux centimètres, brune, renflée vers le milieu et une des extrémités ; avec deux points noirs placés sur le milieu de chaque segment.

### 50. Ein Fischægel.

Indéterminé. — C. 270. 17.

Ces animaux sont suspendus aux poissons et ont l'aspect des sangsues ; leur longueur est d'une largeur de doigt, et leur épaisseur celle d'une paille. Ils s'accrochent fréquemment aux saumons et en tuent beaucoup en les suçant.

### 51. Ein Wasserlauss.

Larve de *Limnochares holosericea*, Latr. ? — B. M. 83. 23. —
C. 270. 17.

Espèce large et mince, ayant six pattes et un long bec aigu,
comme les cousins. En été elle vous pique parfois les pieds, en
donnant la sensation d'avoir marché dans une épine, ainsi que
j'en ai fait moi-même l'expérience. Au bout d'un quart d'heure
toutefois il n'y paraît plus.

### 52. Ein Fischlauss.

*Argulus foliaceus*, F. — B. M. 83. — C. 270. 17.

Cette espèce est accrochée aux poissons et les suce au point
de les faire mourir, ce qui arrive surtout aux poissons des étangs.
Elle s'y acharne et accroche si bien que parfois elle leur détruit
la queue. Ses grandeur et largeur sont celles d'une punaise. Elle
a beaucoup de pattes.

### 53. Ein Wasserrohratzel.

Indéterminé. — C. 270. 17.

Nous supposons que cette espèce du manuscrit de Cassel est
une Aselle, et la même que la suivante de Londres.

### 54. Ein Wassermaueresel.

Indéterminé. — B. M. 83.

Les copies de Strasbourg n'en font pas mention.

### 55. Ein Wasser Floh.

*Gyrinus natator*, L. - B. M. 83. — C. 270. 17.

Cette espèce nage en tous sens sur l'eau, et très vite. C'est un
petit coléoptère (*Käferlin*) qui sent mauvais comme la punaise.
Il a des ailes et peut voler. Il est brillant, avec de jolis reflets
verts.

### 56. Ein Seitling, Seitlin oder Seitle Krebs.

*Gammarus pulex*, Fab. Crevette d'eau douce. — B. M. 83.
24. — C. 270. 17.

Petits animaux surabondants chez nous dans les eaux courantes. Ils sont la pâture des poissons et des oiseaux. Leur aspect est celui des petites écrevisses, et, comme elles, ils deviennent également rouges à la cuisson. On les appelle *Seitlin* (latéraux) parce qu'ils nagent toujours sur le flanc. Ils s'accouplent à la manière des écrevisses en montant l'un sur l'autre, ont un pénis, et font beaucoup de petits en juin.

### 57. **Ein fremde Fischlauss.**

*Apus productus*, Latr. — (Note de la copie de Hermann prise sur l'original de Baldner).

En 1673, on prit ces petits animaux chez nous. Le docteur Gessner les appelle *Fischlauss*. Leur apparition signifie arrivée de troupes étrangères, parce qu'ils vivent de sang. Ils ont beaucoup de pattes, et une carapace dorsale ressemblant presque à celle des tortues, mais mince.

### 58. **Ein Kniltzen** oder **Wasser Muck.**

*Notonecta glauca*, L. — B. M. 84. (*Ein gross Wasserkneltzel*).
On en voit beaucoup nager dans les mares et les eaux courantes. Elles poussent en avant avec plus de vigueur qu'une puce. En hiver elles restent dans l'eau, mais je les ai vues voler en juin. Elles ont six pattes, dont deux longues pour la nage. Sur le dos elles ont de belles couleurs, et en nageant leur ventre est toujours tourné vers le haut. Généralement, elles nagent à la surface et dès qu'une mouche tombe sur l'eau elles jouent des pattes et la happent, car elles ne voient que vers le haut et non vers le bas. Ordinairement elles attendent leur proie dans l'immobilité. Je les ai vues moi-même dévorer des mouches.

### 59. **Ein Kefferlein.**
Très petit hydrocanthare (*Hydroporus*). — B. M. 83.

### 60. **Ein Wasserzwerch.**
Petite larve d'hydrocanthare. — B. M. 83.

# NOTE

SUR LES

# SIX GRANDES CORNES ANTIQUES ET SUR QUELQUES AUTRES CURIOSITÉS D'HISTOIRE NATURELLE ANCIENNE DE STRASBOURG

PAR

## FERD. REIBER

Membre de la Société d'Histoire naturelle de Colmar.

———·•✕•·———

La cathédrale de Strasbourg posséda longtemps deux objets réputés, une corne de licorne (*Einhorn* ou *Einhürn*), et une autre corne de provenance également fabuleuse. La première était en réalité une défense de narval (*Monodon monoceros*, L.); la seconde celle d'un mammouth.

Le naturaliste Conrad Gessner, de Zurich, fournit la première description de la corne de licorne de la cathédrale. Il la tenait du Strasbourgeois Nicolas Gerb ou Gerbius. La voici, traduite de son *Thierbuch* de 1564 :

« Les chanoines de Strasbourg conservent dans le trésor de la cathédrale une corne de licorne que j'ai vue souvent et qui m'a passé par les mains. Sa longueur serait celle d'un homme de moyenne taille si elle avait encore sa pointe. Autrefois, un chanoine, ayant appris par je ne sais qui, que l'extrémité de la corne de licorne est le meilleur préservatif pour la peste et le poison, scia en secret trois ou quatre doigts de la pointe. Ce chanoine fut expulsé du chapitre à l'occasion de ce méfait, et on décida que ses descendants en seraient exclus à tout jamais

aussi. La mutilation de la pointe avait détérioré d'une façon na-
vrante un des plus rares trésors.

« Toute la corne, depuis l'endroit où elle émerge du crâne
jusqu'à son extrémité, est compacte, sans fissure ni fente, et de
l'épaisseur d'une brique, attendu qu'en la saisissant je pouvais
presque joindre les doigts. D'un bout à l'autre elle offre de
petites lignes en spirale, à l'instar des cierges de Saint-Blaise
(*Blasikertzen*), ce qui fait qu'elle se termine gentiment en pointe
hélicoïdale. La lourdeur de cet objet est incroyable. J'ai vu
nombre de personnes s'étonner qu'une bête aussi faible que la
licorne puisse porter un pareil fardeau sans être incommodée.
Je n'y ai pas remarqué d'odeur. La couleur est celle du vieil
ivoire, intermédiaire entre le blanc et le jaune. Je n'ai pas pu
apprendre par qui et comment cette pièce vint au chapitre ».

Il ne nous reste qu'à compléter ces renseignements par ceux
plus modernes de l'abbé Grandidier, qui les donne dans ses
*Essais historiques et topographiques sur l'Église cathédrale de
Strasbourg* (1782), à la page 56 :

« En 1380, il est fait mention pour la première fois d'une
corne de licorne, qui était déposée dans le trésor de la cathédrale, et que plusieurs ont regardée comme une des principales
raretés de la ville de Strasbourg.

« On prétend que c'est un présent que le Roi Dagobert fit à
cette église, et qu'en conséquence la ville de Saverne, chef-lieu
de l'Évêché, prit pour armes une licorne. Ce qui est certain,
c'est que cette corne fut toujours précieusement conservée dans
le trésor de l'église cathédrale. On lit même dans un manuscrit
du grand-chapitre, qu'un chanoine, nommé Rodolphe de Scha-
wenbourg, enleva, en 1380, la pointe de cette corne, qu'il regar-
dait comme un spécifique contre la peste et le poison. Ce chanoine fut exclu du chapitre ; et ses confrères firent un statut, par
lequel ils jurèrent de ne plus recevoir parmi eux aucun descen-
dant de cette famille.

« Cette corne disparut en 1581 pendant les troubles de reli-
gion. Le Grand-Doyen manda cette perte à l'Évêque Jean de
Manderscheidt, comme si le bonheur de son église en dépendait.

Les chanoines catholiques l'avaient réfugiée à Luxembourg, d'où elle fut renvoyée en l'année 1638 dans une boête de sapin fermée de trois serrures. Elle existe encore aujourd'hui : elle est haute de huit pieds, moins quelques pouces, à cause de la pointe qui fut enlevée. Toute cette corne, depuis la partie supérieure jusqu'à l'inférieure, est solide, sans pointe et sans fentes, un peu plus grosse que l'os du bras de l'homme. Elle se plie et replie à peu près comme un jonc, dont elle a l'élasticité. Elle est assez pesante, et plus qu'elle ne paraît à la vue ; elle n'a aucune odeur frappante à l'odorat. Sa couleur est semblable à celle de l'ivoire seranné : elle tire sur le blanc et sur le jaune ».

Grandidier conclut judicieusement en affirmant que cette fameuse corne de licorne n'est autre qu'une défense de « *Nar-arhal, poisson du Grœnland connu par les marins sous le nom de licorne de mer* ». Nous ne pouvons que nous ranger de son avis, les deux descriptions étant probantes.

La défense de narval joua un grand rôle comme corne de licorne pendant tout le moyen-âge et même longtemps après. Nous avons encore vu de ces antiques défenses au trésor impérial de Vienne, à côté de la couronne de Charlemagne, et des autres reliques du plus haut intérêt. On jugera par ce qui suit du prix inestimable autrefois attribué à ces bizarres objets.

La ville de Strasbourg voulut posséder elle aussi sa corne de licorne. Elle l'obtint d'Adam de Clermont, bourgeois d'Anvers, représentant un syndicat de copropriétaires. Le certificat latin d'authenticité qui accompagnait cette corne, déposée au trésor du Pfennigthurm, se trouve reproduit tout au long dans la Chronique strasbourgeoise de Kœnigshoven, à la page 1115 de l'édition de Schilter (1698). Cet acte fort curieux du 12 mai 1565, signé par Alexandre Grapheus, secrétaire de la municipalité d'Anvers, énonce que le magistrat de cette ville, réuni en corps, fit examiner la corne par les quatorze principaux médecins et pharmaciens anversois, qui affirmèrent tous, sous la foi du serment, qu'elle était bien une corne de licorne authentique, telle que « *celles qu'on voit chez les empereurs, rois et princes* », en même temps que la plus belle de toutes les cornes connues.

Il résulte de ce document que les défenses de narval constituaient alors un des ornements les plus rares et précieux du trésor des souverains, des villes, etc., et qu'elles donnaient lieu à des contrefaçons ou substitutions qu'on cherchait à éviter avec soin.

La licorne joue un grand rôle dans le symbolisme du moyen-âge. On lui attribuait des forces surnaturelles, qui ne pouvaient être domptées que par une vierge. Sa corne passait pour préserver des sortilèges et maléfices, de la peste et du poison. L'ancienne pharmacie s'en empara naturellement. Bref, c'était une substance rare et chère, dont il serait curieux de connaître le prix. Ce prix devait être aussi fabuleux que la corne elle-même.

A Strasbourg la licorne donna son nom à une pharmacie et à une brasserie, qui existent encore pour attester l'ancienne popularité de l'unicorne. Autrefois il y avait en plus à Strasbourg, dans diverses rues, des maisons dites *à la Licorne* (rue du Foulon, 1351; rue de l'Épine, 1371 ; petite rue de la Grange, 1503, etc.)

La corne de la cathédrale a disparu sans traces. Celle de la ville de Strasbourg également. D'après Zeiller (*Itinerarium Germaniæ*, 1674, p. 217) celle-ci était longue de neuf empans, creuse, et ne pesait que 9 $^{1}/_{2}$ livres. Ce n'était donc pas l'une des deux défenses aujourd'hui au Museum d'histoire naturelle de Strasbourg et dont la première, superbe exemplaire mesurant 1 mètre 95 centim. de longueur, est absolument irréprochable comme conservation et blancheur. Cette corne est massive. A sa base on aperçoit encore les traces de l'écusson qui y fut gravé, mais il n'est plus possible d'en distinguer les armoiries grattées. Le second exemplaire du Musée est brisé au-dessus de la base, plus jaune que le précédent, à creux apparent, et ne mesure que 1 mètre 54 cent. de longueur. La corne de la cathédrale ayant la pointe brisée ne peut être l'une des deux ci-dessus ; de plus, comme il est dit qu'elle n'était pas creuse, elle avait donc toute sa base, qui seule empêchait d'apercevoir le creux médian. M. de Hohenlohe, doyen du chapitre, et ses collègues, auraient-ils emporté à Offenbourg la corne de licorne de la cathédrale, lors de leur émigration ? Nous n'en avons pas trouvé trace dans les inventaires des objets précieux de la cathédrale établis sous la Révolution, et déposés aux archives départementales.

En même temps qu'une corne de licorne, la cathédrale de Strasbourg possédait une autre très grande corne mystérieuse, dont nos ancêtres firent grand bruit et cas. Elle était suspendue au pilier entre la chapelle de Saint-Laurent et la sacristie du Grand-chœur, à la hauteur de seize pieds et demi du pavé. Grandidier, le monographe de la cathédrale (*loc. cit.*, p. 262), en dit ce qui suit : « C'est une corne recourbée, creuse et aiguë. Sa couleur ressemble à celle de l'ivoire suranné. Elle a six pieds huit pouces de long. Le gros bout, qui sortait de la tête de l'animal, a 4 ¹/₈ pouces d'épaisseur. De là elle diminue en proportion, en formant un demi-cercle. Elle pèse trente livres, en comptant la chaîne à laquelle elle est attachée. Les uns en font une serre de griffon : ce qui est fabuleux. Les autres disent que c'est la corne d'un buffle de Hongrie, qui amena des pierres pour l'édifice de la cathédrale ». Grandidier finit en déclarant, à tort, que c'est probablement une corne d'*Urus* ou *Auerochs*.

Peu après, en 1785, le naturaliste Jean Hermann s'occupa enfin scientifiquement de la corne du pilier de la cathédrale, et affirma avec raison qu'elle était en réalité une défense de mammouth.

Ses idées sont exprimées en tête d'un placard ou affiche de doctorat, et précèdent la proclamation du nom de neuf candidats prêts à passer leur examen final. (*Programma doctorale de dente elephantino, in Argent. summo templo suspenso, qui cornu vulgo dicitur ; 25 Décembre 1785. Titre fictif*).

D'après Hermann, la pointe de la dent manquait. La base était sciée, et avait dix pouces et huit lignes de circonférence. Vers le milieu, la circonférence était de neuf pouces et dix lignes. A un pouce sous l'extrémité apicale la circonférence était de quatre pouces et trois lignes. La section de la circonférence paraissait plutôt elliptique que circulaire. La pointe se dirigeait vers l'extérieur et la droite, car la dent ne s'arquait pas sur un même plan. La substance était double : L'intérieure fragile, crétacée pour ainsi dire, blanche, s'effritant avec la plus grande facilité, ayant une saveur terreuse, et absorbant fortement l'eau. L'extérieure, de couleur fauve tachetée (*fuscus fulvo intermixto*), dure, difficile à entamer au couteau, et épaisse de trois ou quatre lignes, offrant à la coupe l'aspect de l'ivoire et de ses lignes losangées. Cette couche extérieure était en réalité de deux sortes, car la paroi intérieure, épaisse d'une ligne, paraissait bien distincte et offrait des stries. A trois pouces et quatre lignes de la pointe il y avait un trou permettant de voir la substance intérieure mieux que par l'ouverture basale, d'où elle avait été enlevée à une certaine profondeur. La dent était incourbée en arc, dont la partie convexe avait 6 pieds de Paris, et 7 pouces et demi. La corde de cet arc mesurait 3 pieds et 4 pouces, et sa flèche 2 pieds, moins un pouce.

Hermann croyait posséder la portion du crâne d'où émergeait la dent. Il affirme, probablement d'après ce fragment de crâne, qu'elle fut trouvée dans le Rhin, ce dont nous doutons fort. On verra plus loin que la défense de mammouth existait depuis quatre cents ans au moins dans la cathédrale. Il n'est donc pas probable que son alvéole soit venue la rejoindre au bout de quatre siècles, en émergeant du Rhin pour Hermann. Aucun document ne parle d'ailleurs des origines de la pièce. Les nombreux ouvrages anciens sur la cathédrale n'auraient pas manqué de les proclamer.

Nous avons eu le plaisir de retrouver au Museum d'histoire naturelle de Strasbourg, suspendue contre un mur, dans la salle de paléontologie, la défense de mammouth de la cathédrale. Aujourd'hui son état est bien plus caduc que du temps de Hermann. Le trou près de la pointe est devenu une large et longue ouverture, et la dent elle-même est fendue dans le sens de la longueur. Trois des ligatures de fer l'enserrent encore ; les autres manquent, mais on en voit la trace. Une bande de fer arquée passe elle-même sous plusieurs ligatures dans le sens de la longueur. Bref, cette défense est une ruine, qui concorde entièrement avec la description de Hermann. Nous avons trouvé qu'une ligne droite tirée de la pointe à l'extrémité basale mesure 1<sup>m</sup>, 07, soit les 3 pieds 4 pouces de Hermann. D'après Friesé (*Œkono-*

*mische Naturgeschichte der beiden Rheinischen Departemente,
1807,* p. 62), cette défense était déposée de son temps à la
bibliothèque publique. C'est de là qu'elle aura passé plus tard
au musée de la ville.

Le professeur Hermann rapporte encore qu'on se sert de ces
dents de mammouth en pharmacie, où elles sont connues sous
le nom d'ivoire fossile. Il ajoute que le plus fameux de ces
ivoires *rhénans* (provenant de la vallée du Rhin, et non du lit
du fleuve ?) est celui du cabinet de Rathsamhausen, qui existait
à Strasbourg dans la première moitié du XVIII<sup>e</sup> siècle. En voici
la courte description : Cette défense était d'une enveloppe plus
tendre que la précédente, et ne dépassait pas trois pieds en longueur, la base paraissant très abrégée. Les parois de cette base
étaient aussi bien plus épaisses, et non pas à peu près aussi
épaisses que les parois situées plus haut, comme c'était le cas
chez la dent de la cathédrale. Le tour de la base avait un pied,
moins un demi-pouce. Hermann attribue cette défense à un
autre animal que le mammouth, et se réserve d'en reparler
ailleurs plus longuement. Nous ignorons s'il l'a fait.

Boecler décrit à ce qu'il paraît la dent de Rathsamhausen dans
*Cynos. Mat. Med.* Vol. I, P. III, p. 134. Elle figure à la page 39
du catalogue de vente du cabinet de Rathsamhausen, ouvrage
paru sans lieu, ni date, ni nom de possesseur, et intitulé simplement : *Catalogus Technophylacii s. Musei quod curiosis venale
offertur,* in-12. Cet opuscule, que nous ne connaissons pas, doit
avoir été réimprimé en 1763, à l'occasion de la vente du restant
de la collection, où figuraient entre autres 30,000 gravures.

Jean de Manderscheid, 76<sup>e</sup> évêque de Strasbourg, avait trouvé
dans l'héritage de ses pères une grande corne, curiosité d'histoire naturelle qui devait aussi faire parler d'elle pendant deux
siècles, et même de nos jours encore. Le 27 mai 1586, ce bon
biberon de prélat fonda, en l'honneur de son trophée ou Trink-
horn, la *Confrérie de la Corne,* une association de buveurs dont
les assises se tinrent longtemps au château de Hoh-Barr, près
de Saverne. L'abbé Grandidier n'a pas dédaigné d'écrire l'histoire de cette association bachique, chez qui la grosse corne

remplie de vin jouait un si grand rôle (1). C'était en tous cas une corne très authentique, mais dont il n'est plus possible de fixer l'espèce, car elle disparut pendant la Révolution, lors de l'émigration du dernier cardinal de Rohan. Elle contenait quatre litres, et était conservée en dernier lieu au château épiscopal de Saverne.

D'après une obligeante communication de M. Audiguier, conservateur du Musée de Saverne, certaine tradition veut que lors des destructions révolutionnaires qui eurent lieu à Saverne de 1792 à 1794, « *Madame la Corne* », comme on l'appelait, fut sauvée grâce à une substitution, et alla enrichir les collections du duc de Feltre, puis celle de la duchesse de Fezensac. Cette affirmation, très problématique, reste à éclaircir. D'après la même autorité, le musée de Saverne possède une antique défense de narval, polie et n'ayant plus ses spirales (chez les très jeunes narvals la défense est lisse, sans spirales), longue de 1ᵐ,154 ; avec un diamètre basal de 0ᵐ,02. et apical de 0ᵐ,013. Il est probable que cet objet, de provenance inconnue, est encore une des reliques ayant figuré autrefois dans un trésor seigneurial. La légende du Hoh-Barr proclame qu'une corne de licorne, longue de cinq pieds, pendait au bout d'une chaîne en or, dans le souterrain du château. Cette légende prouve une fois de plus que les cornes de licorne passaient pour particulièrement précieuses et jouissaient d'une grande popularité au temps jadis.

Une autre corne fameuse disparut également, comme disparurent la plupart des singularités dont s'occupe cette étude. C'était la fameuse corne qui sonna la victoire du contingent strasbourgeois et de ses alliés suisses à la bataille de Nancy, en 1477. Cette pièce est connue dans l'histoire sous le nom de *das grosse Muhegeschrey*.

Les Suisses en firent probablement hommage à nos concitoyens. D'après Hermann (1817), elle était déposée au musée de la ville de Strasbourg, et on y avait sculpté les trois alérions de Lorraine. Cette corne périt lors du bombardement de 1870, comme tant d'autres reliques du passé strasbourgeois. Il va de

(1) *Anecdotes sur la Confrérie du Hoh-Barr* ; Nancy, 1850, in-8°.

soi qu'on l'attribuait à un urus, selon l'usage consacré pour les cornes antiques, et qu'elle provenait probablement d'un tout autre ruminant.

Mais, revenons encore une fois à la dent de mammouth de la cathédrale. On ne sait à quelle époque elle fut accrochée dans le dôme. Il est certain qu'elle y figurait depuis fort longtemps, car au XVI<sup>e</sup> siècle, Gessner, en la signalant, dit qu'elle existe depuis plus de deux cents ans. On ne sait pas non plus au juste quand elle fut enlevée. Nous supposons que la tourmente révolutionnaire lui fut fatale, comme à sa voisine la corne de licorne. Les iconoclastes de l'époque décrochèrent probablement cet objet de pieuse superstition, et le firent passer dans les collections municipales, où il serait grand temps de le soumettre aux restaurations exigées par ses grosses avaries, non moins que par les vénérables souvenirs qu'il évoque.

Nous savons, par contre, que le 6 septembre 1675 elle fut descendue à titre provisoire de son pilier, et qu'à cette occasion on en enleva des fragments, que put se procurer Élie Brackenhoffer, membre du magistrat, et l'un des grands collectionneurs strasbourgeois de l'époque. Ces fragments sont ainsi décrits à la page 81 du Catalogue de curiosités de Brackenhoffer :

*Portiunculæ nonnullæ cornu argentinensis, ein stück von dem Horn, so zu Strassburg im Münster hœngt.* Brackenhoffer possédait en outre une *Portiuncula quædam cornu mirabilis Hallensis, ein Stücklein von dem Hallischen Wunderhorn*, autre défense de mammouth fameuse, qu'on conservait dans l'église Saint-Michel de Halle. (Il paraît qu'elle pesait cinq quintaux, probablement avec les chaînes qui la retenaient).

Abandonnant cornes et dents, nous allons, à l'occasion de Brackenhoffer, passer à trois collections strasbourgeoises célèbres, et à diverses autres curiosités d'histoire naturelle ancienne.

La vente du cabinet de feu Élie Brackenhoffer commença le 5 juillet 1685, à Strasbourg. Elle fut brusquement interrompue par une querelle entre le sieur Brackenhoffer, chargé de la vente, et un jeune officier français de la garnison. On trouvera le récit de ce regrettable incident dans les *Affiches de Strasbourg* du 19 septembre 1885. M. Rod. Reuss l'y raconte d'après les données manuscrites de la bibliothèque municipale de Strasbourg. Il paraît que cette vente ne reprit plus. Selon une note de Hermann la collection fut partagée entre les héritiers. Une autre note de Hermann, relevée dans notre exemplaire du Catalogue de Brackenhoffer, énonce en latin ce qui suit : « L'occupation française causa de grandes terreurs à la famille de Brackenhoffer. Ce dernier lui-même devint aveugle dans l'extrême vieillesse. Sa veuve maria une de ses filles à un nommé Jacius, de Cobourg, qui se fit envoyer la plus grande partie des collections et des livres, et les dispersa. Brackenhoffer habitait l'hôtel connu sous le nom de *Kleiner Gürtlerhof* (situé entre les rues de l'Ail et des Serruriers, dans l'immeuble aujourd'hui occupé par la brasserie du Léopard).

Élie Brackenhoffer, chef de famille patricienne, était né à Strasbourg le 29 octobre 1618, et y mourut en 1682. De 1643 à 1647 il voyagea en Suisse, en France, en Italie et en Allemagne. L'année 1648 le vit préposé à la Monnaie, titre qu'il conserva pendant dix ans. Le Grand-Conseil lui ouvrit ses portes en 1659 ; le Conseil des XV, en 1662 ; et celui des XIII, en 1679. Marié le 29 août 1667, à Barbe, fille d'Erhard, conseiller des XIII, Brackenhoffer en eut sept enfants, de 1668 à 1682.

Du vivant de son possesseur, le cabinet de Brackenhoffer fut décrit en latin, dans un style bizarre, lapidaire, sous ce titre :

*Musæum Brackenhofferianum delineatum à Joh. Joachimo Bockenhoffero Argentinensi. — Argentorati, anno recuperatæ salutis, 1677,* in-4°, 52 pages.

Nous possédons ce panégyrique pompeux, avec une dédicace latine autographe de Brackenhoffer lui-même. L'opuscule est réimprimé en entier dans *Valentini Museum Museorum,* T. III, append. XX, p. 69. A titre de curiosité, et pour en montrer le genre, nous reproduisons le passage relatif aux fragments de la corne de la cathédrale :

> *(Spectabimus) Particulas insuper aliquot*
> *Cornu Uri illius monstrosi*

*Quod in Summo Argentoratensium Templo*
*Antiquitas pro Cimelio*
*Omnium conspectui exponi curavit.*

(*Nous apercevrons en outre des fragments de la corne d'un urus monstrueux, corne que l'antiquité plaça dans la cathédrale, et livre à nos regards à titre de souvenir précieux*).

Nous possédons également l'exemplaire, aujourd'hui peut-être unique, du Catalogue allemand, détaillé, posthume, destiné à la vente aux enchères de la collection. Il a pour titre :

*Musæum Brackenhofferianum. Das ist ordentliche Beschreibung aller, sowohl natürlicher als kunstreicher Sachen, welche sich in Weyland Hrn. Eliæ Brackenhoffers gewesenen Dreyzehners bey hiesiger Statt Strassburg, Hinterlassenem Cabinet befinden. — Strassburg. Gedruckt und verlegt durch Johann Welpern, im Jahr 1683*, in-8°, 160 pages.

Ce Catalogue dit que Brackenhoffer avait fait une description manuscrite très minutieuse de tous les objets composant son cabinet et que cet ouvrage explicatif était également offert en vente. Il laissait encore un manuscrit ayant pour titre : *Beschreibung der meisten Geldsorten der ganzen Welt, nach der Ordnung des Alphabets vorgetragen, 1665. 3 vol. in-fol.* Cet ouvrage brûla avec la bibliothèque publique de Strasbourg en 1870, en même temps que la curieuse description inédite des voyages du vénérable auteur.

Comme la plupart des cabinets de curiosités du temps, celui de Brackenhoffer renfermait les objets les plus disparates : Minéraux, pétrifications, mammifères, oiseaux, poissons, coquilles, plantes, objets ethnographiques, verres, armes, peintures, gravures, sculptures, monnaies, antiquités, etc., tout s'y rencontrait en séries souvent très riches, qu'il est impossible de signaler brièvement.

Au XVII° siècle, Strasbourg possédait un autre collectionneur fameux, Balthasar-Louis Künast, brodeur en soie et négociant. Comme ses contemporains Baldner et Brackenhoffer, Künast se maria sur le tard, et engendra également une progéniture patriarcale.

Né en 1589, Künast était par sa mère petit-fils de David
Kannel, graveur sur bois, du Palatinat, venu à Strasbourg en
1545, et auteur des charmantes gravures ornant le Traité de
botanique strasbourgeoise de Bock. Compagnon brodeur, Künast
parcourut divers pays (1), où il ramassa de nombreuses curiosités
qu'il réunit en cabinet à son retour en 1614, et revendit en 1646.
Trois ans après, il recommença un cabinet, et l'enrichit jusqu'à
sa mort, survenue le 6 novembre 1667. Künast s'était marié le
23 janvier 1637, avec Agnès, fille de Jean-Philippe Schatz, négociant, et membre du Grand-Conseil, comme lui-même. De cette
union naquirent dix enfants, de 1637 à 1657.

Balthasar-Louis Künast fils, avocat et procureur, né le 25 décembre 1639, publia, pour la vente du cabinet, deux éditions
du Catalogue des collections paternelles. Ce sont des imprimés
fort rares comme tous leurs analogues. On ne connaît que deux
exemplaires de la première édition, et un seul de la deuxième
(ce dernier dans notre propre bibliothèque, avec une copie de la
première édition). En 1683, Künast fils rédigea un nouveau
Catalogue des deux cabinets autrefois possédés par son père.
C'était un manuscrit in-4° intitulé : *Museum geminum Künastia-
num. Das ist ordentliche Verzeichnuss dessen, was in Weiland
Hrn. Balthasar Ludwig Künast in Strassburg gehabten zweyen
Kunstkammern zu befinden gewesen ist ; durch Philipp Ludwig
Künast, dessen ältesten Sohn, 1683.* Cet inventaire fut malheureusement détruit avec la bibliothèque publique de Strasbourg
en 1870. Sa perte est fort regrettable, car ce travail très détaillé
était de la plus haute importance pour l'art et la curiosité alsa-
tiques.

Voici les titres des deux éditions typographiques :

1. *Ordentliche Verzeichnuss der Jenigen Raritæten, fremder
und anderer Sachen, so sich in Hrn. Balthasar Ludwig Künasts,*

(1) Rappelons à cette occasion que Daniel Martin, professeur de langue
française à Strasbourg, dit à l'époque, dans son *Parlement nouveau* (1660)
à la page 118 : « Je voy qu'en ceste ville on ne tient conte d'un homme
qui n'a rien veu : on l'appelle Rostisseur de pommes derrière le fourneau
(*Apfelbrater*), gardeur de poile (*Stubenhüter*), ou casanier (*Hausspennal*) ».

*E. E. Grossen Raths in Strassburg alten Beysitzers und für-*
*nehmen Handelsmanns Seel. Hinterlassener Kunst-kammer be-*
*funden. — Strassburg. Gedruckt bey Johann Welpern, im Jahr*
*MDCLXVIII,* in-8°.

2. *Verzeichnuss aller Naturalien, so in künastischer Kunst-*
*kammer zu Strassburg zubefinden. — Gedruckt, bey Johann*
*Welpern, 1673,* in-4°, 20 pages.

Ce second Catalogue n'a trait qu'à l'histoire naturelle.

Le cabinet de Künast était aussi varié que celui de Brackenhoffer, et encore plus riche peut-être. Les objets d'histoire naturelle, bien que très abondants, n'y avaient pas l'importance des
œuvres d'art, dont la suite serait aujourd'hui sans prix (1).

Nous tâcherons de publier un jour ces Catalogues de nos anciens collectionneurs strasbourgeois, car il n'est pas possible de
les signaler dignement en peu de mots. En les lisant on reste
stupéfait du nombre et de la variété des objets que leurs posses-
seurs avaient su réunir. Que de trésors Strasbourg ne renfer-
mait-elle pas au XVII⁰ siècle? Outre les collectionneurs précités
il y avait encore Schafflützel, Daniel Richshoffer, Mülbe, les
peintres Walther père et fils, Winter, Sporer, etc., qui tous
rassemblaient des curiosités, dont le souvenir est malheureusement perdu faute d'inventaires (2).

Une seule de ces collections anciennes, antérieure toutefois à
celles de Künast et de Brackenhoffer et commencée au XVIᵉ
siècle, est encore assez bien connue. C'est la collection de
Sébastien Schach, qui, en 1628, devait être la seule importante
de Strasbourg. Zeiller, dans son *Itinerarium Germaniæ* (Strasbourg, 1674, in-fol.) l'appelle, en effet, simplement, en 1628:
*Die Kunstkammer* (3) *zu Strassburg,* ce qui prouve qu'elle était

(1) M. Rod. Reuss a passé en revue dans les *Affiches de Strasbourg,* des
8, 15, 22 septembre, et 2 octobre 1880, les principales pièces du musée de
Künast.

(2) ARTHUR BENOIT, *Collections et Collectionneurs alsaciens.* Strasbourg,
in-8°, 1875.

(3) La *Kunstkammer,* ou le cabinet de curiosités ancien, était divisée en
deux parties, dont l'une renfermait les objets naturels (*naturalia*), et l'autre

sans rivale à l'époque. Voici la traduction de la notice que l'auteur lui consacre, à la page 216 de la première partie de son gros guide du voyageur en Allemagne :

« Dans l'ancien couvent des Cordeliers (situé sur l'emplacement de l'Aubette actuelle, place Kléber) se trouve le cabinet de curiosités ayant appartenu jadis à Schoner, du Conseil des XV. Celui-ci le vendit, pour quelques mille florins à ce qu'on assure, à un autre membre du Conseil des XV, Sébastien Schach, chevalier du Saint-Sépulcre de Jérusalem (Schach de Schacheneck, connu par son voyage en Palestine). Schach augmenta le musée de ce qu'il rapporta lui-même d'Orient, et d'autres pièces rares. On y voit : Toutes sortes de pierres aux formes bizarres, telles que miches, couteaux, etc. ; ainsi que d'autres portant l'image du soleil, des étoiles ou de végétations ayant l'air d'y avoir été peintes ; des crapaudines et autres ; toutes sortes de beaux coraux et de coquillages, etc. ; du jaspe, du diamant et plusieurs milliers d'autres minéraux rares au naturel ; des agates, de l'ambre dans lequel sont renfermées des mouches, des araignées, des guêpes, etc. ; des pierres avec empreintes de poissons ; des pépites d'or, d'argent et d'autres métaux, avec les plats, cannettes et cuillers qui en proviennent ; de la nacre ; des cuillers d'agate à manche de corail ; toutes sortes de cristaux et de marbres en boule ; des curiosités indiennes ; quelques divinités indiennes, égyptiennes ou chinoises, ainsi que des manteaux, des chapeaux et des collerettes en plumes de perroquet ou d'oiseaux de paradis ; toutes sortes d'ustensiles, de paniers, d'armes, de sabres, de flèches, d'arcs et de hamacs indiens ; toutes sortes d'animaux, de poissons, de monstres marins ; des crocodiles, dauphins,

les objets travaillés ou œuvres d'art (*artificialia*). Voy. la description de celle du Dr Plater, à Bâle, très intéressante, à la page 254 ; et surtout celle d'Inspruck, à la page 350 de l'*Itinerarium* de Zeiller, etc. — En 1630, le Dr Luck cultivait à Strasbourg près de 600 plantes exotiques dans son beau jardin, situé près du couvent de St.-Nicolas in Undis, vers la nouvelle porte (aujourd'hui quartier Saint-Nicolas). Non loin de là était également le jardin botanique (*Hortus medicus*) de l'Université, mais il dépérissait, à ce que dit Zeiller. C'était le jardin botanique qui exista jusqu'en 1870.

pélicans, hippocampes, etc.; une peau de serpent indien; des
fémurs et des dents de géants; de la porcelaine; toutes sortes
de plantes et de monnaies indiennes; diverses singularités
turques; des roses de Jéricho. Il y a encore *un petit coffret
artistique en corne de licorne, serti d'or et pesant 8 lots; et 24
pions d'échecs, en corne de licorne, pesant 47 lots.* Puis viennent
de grands miroirs artistiques, de beaux objets en plâtre et en
cire, de beaux livres d'art, des gravures sur bois de Dürer,
entre autres la grande et la petite Passion, et le livre de Marie,
en tout 130 pièces; 85 gravures sur cuivre de Dürer; beaucoup
de sculptures sur bois et d'objets faits au tour; des tableaux des
principaux maîtres; beaucoup d'antiquités provenant de tombeaux
païens, telles que des lampes encore trouvées allumées (*sic*);
et nombre d'autres choses. Le fils de Schoner, étudiant, dormant
un jour sur l'herbe, un serpent s'introduisit dans sa bouche,
lui passa dans l'estomac, et le tua. Après la mort ce serpent
quitta le corps. On le voit exposé dans le musée ».

Ce dernier détail a sa valeur : On retrouve le fameux serpent
du fils de Schoner dans le cabinet de Künast, avec les pierres
en forme de miches, et les mêmes objets que ci-dessus. Nous
supposons donc, comme on le verra plus loin, que de Schoner
et de Schach le musée du couvent des Cordeliers passa à Künast,
en majeure partie du moins.

Le serpent du jeune Schoner fit grand bruit jadis. L'illustre
Dr Melchior Sebitz, père, lui consacra un traité archi-docte
intitulé : *Discursus medico-philosophicus de casu adolescentis
cuiusdam argentoratensis mirabili; qui anno **MDCXVII**, octavo
Aprilis, circa horam primam pomeridianam, mortuus in quo-
dam paternarum ædium loco, adjacente ipsi serpente, a domes-
ticis inventus fuit. — Argentorati, 1617, in-4°.*

Cet opuscule d'histoire naturelle renferme une grande planche
de Jacob von der Heyden, représentant le serpent en question
(une couleuvre !) et quinze autres gravures dans le texte, figurant
des serpents plus ou moins fantastiques. Seules deux de ces
dernières figures offrent de l'intérêt, en montrant l'accouplement
et la naissance des vipères.

L'impression que nous a laissé la lecture de cette dissertation est que la bonne foi du docteur et de ses contemporains a dû être surprise ou égarée.

Nous renvoyons à une courte notice biographique sur Sébastien Schach, insérée à la page 106 de la Liste préparatoire du *Dictionnaire biographique d'Alsace* (Mulhouse, 1869). M. Xavier Mossmann, l'auteur de ce travail, publiait dès 1846 l'*Analyse de la relation manuscrite d'un pèlerinage à Jérusalem et au Sinaï* (Colmar, in-16), qui n'est autre qu'un résumé du voyage que Schach fit de juin 1604 à juin 1605, après avoir étudié à Padoue et à Sienne. Le manuscrit en question, déposé à la bibliothèque publique de Strasbourg, disparut lui aussi dans cette fatale nuit du 24 août 1870, qui réduisit en cendres, et replongea à jamais dans les ténèbres de l'oubli, tant de pages curieuses du passé strasbourgeois.

D'après les inscriptions successives, placées sur l'enveloppe protégeant une mèche de cheveux d'Albert Durer, cheveux qui existent encore à Vienne (nous en avons fait l'historique dans le *Mirliton* du 1er septembre 1884), après avoir passé à Strasbourg par les mains des peintres Baldung Grün, Büheler, et par les collections de Schoner, de Schach et de Künast, le cabinet de Schoner fut vendu en 1623. C'est donc probablement à cette dernière date qu'il passa à Schach. En 1649, par contre, les cheveux de Durer, et d'autres curiosités de Schach, vinrent en possession de Künast. Nous en inférons que Künast, qui, comme nous l'avons vu, recommença son second cabinet en 1649, le recommença en se rendant acquéreur du musée de Schach. Il dut l'obtenir de sa veuve, qui, dès 1639, épousait Josias Glaser, conseiller et ministre de France et de Suède à Strasbourg.

Sébastien Schach naquit à Strasbourg en 1578. Il fut baptisé, d'après les registres de l'église Saint-Thomas, le 1er mai de cette année, peu de jours après sa naissance suivant l'usage strasbourgeois. M. Charles Muller, préposé à l'état civil de Strasbourg, à l'obligeance duquel nous devons ce nouveau renseignement, ne put nous procurer la date du décès, les registres mortuaires de Strasbourg ne commençant que vers l'an 1650.

Les animaux bizarres, étrangers ou monstrueux impressionnaient autrefois bien plus vivement qu'aujourd'hui l'imagination populaire; aussi nos ancêtres en conservèrent-ils souvent l'image.

Gessner rapporte qu'on voyait à l'Hôtel-de-ville strasbourgeois la figure d'un morse, peinte sur toile, et accompagnée de vers allemands. Ce morse, selon l'auteur *Russor ou Cetus dentatus, dont la femelle est appelée Balena*, avait vingt-huit pieds de long, quoique petit. L'évêque de Nidrosie le fit harponner par ses chasseurs. Sa tête fut envoyée au pape, après avoir été montrée en 1519, pendant les fêtes de Noël, à Strasbourg.

Nous croyons nous rappeler qu'il existe une médaille commémorative du rhinocéros que Strasbourg vit vers la même époque.

L'année 1577 amena à Strasbourg le squelette d'une baleine, qu'on exhiba publiquement. Pendant longtemps l'arsenal de la ville conserva un fragment de mâchoire de la susdite, fragment qui passa au musée d'histoire naturelle, où on le voit encore.

En 1629, le graveur strasbourgeois, Jacob von der Heyden, lança une planche en l'honneur de l'éléphant de passage en sa bonne ville. (*Elephas hic per Europam risus est anno 1629. J. Heyden excudit*).

Nos cartons renferment la très curieuse image gravée par un anonyme, représentant deux jumeaux adultes et vivants, soudés par le ventre (*Wahre Abbildung zweier Zwilling, etc.*) et également montrés publiquement à Strasbourg, en août 1645. Ils s'appelaient Lazare et Jean-Baptiste Coloreda, de Gênes.

On trouvera d'autres phénomènes du même genre naivement représentés au *Livre des Prodiges* de l'Alsacien Lycosthènes (Bâle, 1557). Ils furent exhibés à Strasbourg en 1525 et 1545. Le volume en question renferme nombre d'autres monstruosités parues dans notre région.

De 1679 à 1681, F. W. Schmuck, imprimeur-libraire à Strasbourg, consacra une série de cahiers ou livraisons, à la description avec figures de nombreuses curiosités et surtout monstruosités d'histoire naturelle. On y voit le merle blanc à côté du moineau à deux têtes, la grosse femme à côté de la chenille de l'*Acherontia Atropos*, des œufs de poule monstrueux à côté du chevreuil aux bois curieux, etc. Cette publication, introuvable pour ainsi dire, est intitulée : *Fasciculus admirandorum naturæ (cum continuationibus rariis)*. On ne la connaît pas encore tout-à-fait complète, mais le détail des espèces de la partie connue, que nous avons eu le grand plaisir de découvrir nous-même et de céder à M. Oscar Berger-Levrault, de Nancy, dont Schmuck est l'ancêtre, se trouve insérée dans la deuxième édition du *Catalogue des Alsatica de la Bibliothèque de Oscar Berger-Levrault*. Première partie, p. 73. Nancy, 1886.

A notre avis, et sauf erreur, la première Histoire naturelle alsacienne, méritant réellement ce nom, a été publiée à Strasbourg en 1536, par l'imprimeur Mathias Apiarius. Nous la possédons. C'est un in-folio latin de 130 feuillets, intitulé simplement comme beaucoup d'autres traités de médecine : *Hortus Sanitatis*. Elle s'occupe en quatre parties : 1º Des mammifères et reptiles ; 2º Des oiseaux et êtres ailés (insectes, etc.) ; 3º Des poissons et animaux aquatiques ; 4º Des minéraux. Ces quatre parties sont précédées d'un index ou d'une table des maladies, dont chacune est accompagnée de renvois aux différents numéros de l'ouvrage traitant des remèdes qui lui conviennent. Chaque espèce animale (il n'y a pas de végétaux dans ce jardin de santé) ou minérale est accompagnée d'une petite gravure sur bois très curieuse, et d'une description généralement empruntée aux vieux auteurs, tels qu'Isidore et Pline. Descriptions et figures sont pour nous du plus haut intérêt.

Colmar, Typo- & Lithog. Vve. C. Decker.